走进孩子的内心

Entering into the heart of a child

——写给遇到心理问题的家长与孩子的心理咨询书

余伟　周杰伟　朱志辉　编著

電子工業出版社
Publishing House of Electronics Industry
北京·BEIJING

图书在版编目（CIP）数据

走进孩子的内心 : 写给遇到心理问题的家长与孩子的心理咨询书 / 余伟，周杰伟，朱志辉编著. -- 北京 : 电子工业出版社，2025. 1. -- ISBN 978-7-121-49423-9

Ⅰ. B844.2

中国国家版本馆 CIP 数据核字第 20253ZC266 号

责任编辑：毕军志　　文字编辑：易　泰
印　　刷：三河市鑫金马印装有限公司
装　　订：三河市鑫金马印装有限公司
出版发行：电子工业出版社
　　　　　北京市海淀区万寿路 173 信箱　邮编：100036
开　　本：720×1000　1/16　印张：10　　字数：136 千字
版　　次：2025 年 1 月第 1 版
印　　次：2025 年 1 月第 1 次印刷
定　　价：59.80 元

凡所购买电子工业出版社图书有缺损问题，请向购买书店调换。若书店售缺，请与本社发行部联系，联系及邮购电话：（010）88254888，88258888。

质量投诉请发邮件至 zlts@phei.com.cn，盗版侵权举报请发邮件至 dbqq@phei.com.cn。

本书咨询联系方式：（010）88254206，yit@phei.com.cn。

序言

在一个家庭里，如果孩子出现了心理健康问题，这通常意味着他是家庭成员中病得最轻的一位。

我认识余伟老师，就是因为我的孩子遇到了心理健康的问题，我向她请教并咨询。我问余伟老师，如何正确地养育孩子，如果只能用一句话来回答这个问题，那这句话应该是什么？

她的回答是：把孩子当个人对待。

这句话非常简单，但却非常本质。

很多时候孩子的心理出现问题，就是因为我们做父母的没有把孩子当个人来对待，只顾着把我们的要求和希望强加给他们，习惯对他们进行唠叨、说教、批评，甚至打骂，没有把他当作一个独立的个体，没有给他们成为自己的自由，也没有给到他们足够的尊重、理解和爱，甚至没有让他们获得安全感。

余伟老师说：孩子不愿意上学，一到学校就会出现头晕、恶心、身体不舒服等躯体化反应，严重时出现抑郁、自残等情况。实际上，这些都是孩子在以自己的方式向父母发出的心理求助信号，表达了他们的内心需求。

我过去也不太在意孩子的心理需求，直到有一天发现孩子似乎生病了，不再愿意上学，还有自伤的倾向，这让我感到焦急，开始积极地学习相关知识并寻求帮助。

我推荐所有青少年的家长阅读《走进孩子的内心》这本书，如果你的孩子目前一切正常，这本书可以帮助你防微杜渐，如果孩子已经表现出了一些心理行为问题，这本书则能帮助你理解问题的根源所在。成为合格的父母需要不断学习，而成为好的父母更需要走进孩子的内心。只有真正走进孩子的内心，了解孩子的所思所想，我们才知道孩子想要的是什么，才能有效地引导他们克服困难，健康成长。

余伟老师及其带领的团队是我所接触过的青少年心理问题领域的顶尖专家，他们在处理青少年心理行为问题方面积累了丰富的实践经验，非常感谢余伟老师对我的家庭及孩子给予的建议和帮助。读完这本《走进孩子的内心》也让我收获匪浅，本书通过案例的形式，通俗易懂地给我们分析了多种青少年常见的心理行为问题，以及其背后的成因，非常值得家长们细细品读。

必扬化妆品创始人

陈杰

前言

为青春期孩子的家长们写一本书，分享我在过去 25 年工作中发现的孩子们在成长过程中遇到的困惑，以及他们心理发展的历程，一直是我的心愿。

终于，今天能得偿所愿。感恩大家的支持。

感谢孩子们愿意向我敞开自己的心扉，分享他们的迷茫、困惑、不安、焦虑、和秘密。在孩子们面前，我既是他们的代言人，也是心灵的探索者，致力于将他们内心的所思所想、所困所惑毫无保留地解读并传达给父母和老师。从事青少年心理咨询工作是如此的神奇有魔力，它让我时刻感受到年轻，仿佛回到了青春时期的迷茫与挣扎。孩子们内心的热情、活力和对美好未来的憧憬时常感染着我、激励着我，孩子们是干净且纯粹的，能够涤荡岁月留给心灵的痕迹，让人变得柔软、温暖和细腻。

感谢 25 年来所遇到的家长们，愿意打开自己的内心。我一直坚信父母为了子女愿意付出一切努力，包括改变自己。家长们愿意放下身段，审视自己，展现出为子女付出一切的决心和勇气，这也时常鼓舞着我。爱是有力量的，父母置于子女的爱尤其如此，这种爱是毫无保留、深沉而伟大的。

正是有这样的感受和信念，25 年来我义无反顾地从事青少年心理咨询和家庭教育指导工作。与孩子们、家长们、老师们在一起的时光虽然短暂却十分快乐！岁月悠长，额头上添了皱纹，鬓角斑白。然而，内心对这份事业的热爱却一如当初。我爱孩子们，爱家长们，爱这个职业。生而为人，也许正是因为有这份爱，让本来没有意义的生命多了意义，有了价值。

一切遇见都如此的美好而完整，如同一本本展开的书卷。感谢心理学，感谢家长们，感谢孩子们，感谢这个时代的馈赠，感谢岁月的积淀。

受制于能力和阅历，书中还有很多瑕疵，但我接受这份局限，愿来日方长，愿今后的岁月我们依然可以再分享，再交流，再陪伴。

未来的路还长，时代在变化，人也在变化，你我都在改变之中，愿我们能够更好地成为自己，然后成为更好的自己，让这一生的岁月、点滴、分秒都不曾白白度过，愿一切美好在你我左右。

余伟

2024 年 11 月 18 日

目录

第一章

对青少年常见心理行为问题的基本认知

一、青少年阶段常见的心理行为问题有哪些？

青少年在成长过程中可能会遇到各种心理和行为上的挑战。这些挑战会让孩子表现出多种多样的问题，其中包括：

1．学业问题。一些青少年表现出厌学或逃学，这可能是由学习压力过大、对学校的不适应或其他个人原因所造成的。这些行为可能会对他们产生长远的负面影响，影响他们的职业发展和人生方向。

2．行为偏差。一些青少年会出现偷窃、撒谎等不良行为，这些行为可能是由好奇心、寻求刺激、同伴压力或其他心理因素引起的。

3．自控力缺失。手机成瘾和网络游戏成瘾是当前青少年中普遍存在的问题。成瘾行为可能会导致他们忽视学业、家庭和社交活动，影响身心健康。长时间沉迷于手机和网络，还会导致视力下降、睡眠不足、情绪障碍、能力发展滞后等问题。

4．饮食问题。暴饮暴食、过度节食、厌食等饮食问题在青少年中也较为常见，这些问题可能是由于心理压力过大、对身体形象不满或其他心理因素。

5. 特殊癖好和强迫行为。一些青少年会表现出一些特殊癖好或强迫行为，这可能是由内心的焦虑、压力或其他心理问题导致的。

6. 自信心问题。青少年可能会出现不自信、自我贬低、暴躁、易怒等问题，这可能是由家庭环境、学校压力或其他社会因素所致。

7. 情绪问题。抑郁、自残自伤、自我封闭、轻生等情绪问题在青少年中也较为常见，这可能是由于内心的孤独、无助或其他心理因素。

8. 抗挫能力弱。一些青少年容易表现出畏惧困难、不敢面对失败等问题，这可能是由于缺乏应对挫折的经验或心理支持。

9. 人际关系问题。青少年可能会有人际关系冲突、不会交朋友、不愿意相信他人等问题，这是由于社交技能的缺乏、自信心不足或其他心理因素。

这些心理行为问题的长期存在不仅影响青少年个人的身心健康，还会对他们的家庭和社会关系产生负面影响。因此，及时发现和干预这些问题非常重要。家长、学校和社会应共同努力，通过提供心理辅导、家庭教育、社会支持等多方面的帮助，帮助青少年克服这些问题，促进他们的健康成长。

二、青少年阶段常见的心理行为问题根据严重程度分为几个层级？

青少年心理行为问题根据其严重程度可以划分为三个不同的层级，分别是轻度、中度和重度。在轻度层级，青少年可能会表现出一些情绪上的困扰，如容易情绪低落、无精打采、经常唉声叹气、情绪波动较大、容易发怒，以及对周围事物表现出过度的敏感和抵触。这些情绪问题可能会对他们的日常生活产生一定的影响，但通常不会造成太大的障碍。例如，他们可能会在学习上遇到一些困难，或者在与朋友的交往中显得有些被动，但总体上仍能维持基本的生活和学习秩序。

进入中度层级，问题的范围会扩大到生活习惯方面。除了轻度层级中的情绪问题，青少年还可能会出现食欲不振、失眠，以及自我封闭的情况。食欲不振可能导致营养不良，影响身体健康；失眠则会影响精神状态和学习效率；自我封闭则可能导致与家人、朋友之间的关系疏远，进一步加剧心理问题。例如，他们可能会拒绝参加家庭活动，不愿意与朋友交流，甚至在某些情况下表现出对社交活动的极度抗拒。

到了重度层级，问题会进一步恶化，不仅包括情绪和生活习惯上的问题，还可能涉及具体的行为表现。这些行为包括自残自伤、轻生等。在这一层级，问题的严重性已经达到了需要紧急关注和处理的地步，以防止悲剧的发生。例如，他们可能会表现出对未来的极度悲观，甚至制订具体的自杀计划，这需要家长、学校和社会的共同关注，及时发现孩子的问题并提供必要的帮助和支持。

三、为什么青少年阶段容易出现心理行为问题？

首先，青少年正处于人生的一个关键转折期，他们的生理和心理都在经历巨大的变化。在这个阶段，青少年的个性特点和能力发展也在快速变化，这可能会导致他们在环境适应和自我认知方面遇到困难，从而会感到困惑和迷茫，不知道如何应对这些变化，进而可能会出现一些心理行为问题。因此，家长和教育者需要特别关注青少年在这个阶段的心理健康，帮助他们顺利度过这个关键时期。

其次，养育环境对青少年的成长有着重要的影响。家庭环境、亲子关系、经济状况、父母受教育程度，以及养育模式都会对青少年的心理健康产生深远的影响。例如，一个充满爱和支持的家庭环境可以为青少年提供一个稳定的心理基础，使他们能够更好地应对生活中的各种挑战。而一个充满冲突和冷漠的家庭环境则可能导致青少年出现心理行为问题，如焦虑、抑郁等。因此，家长需要努力营造一个和谐的家庭环境，为青少年的健康成长提供保障。

此外，学习成绩和压力调节也是影响青少年心理行为问题的重要因素。青少年的学习压力都很大，如果他们无法有效地调节和应对这些压力，就可能会出现焦虑、抑郁等心理问题。因此，家长和教育者需要关注青少年的学习压力，帮助他们找到能有效释放压力的方法，如运动、听音乐等。

最后，人际关系的处理也是青少年需要面对的一大挑战。良好的人际关系可以为青少年提供情感支持，使他们感到被接纳和理解，而不良的人际关系则可能导致他们感到孤独、被排斥，甚至产生矛盾和冲突。因此，家长和教育者需要帮助青少年学会处理人际关系，培养他们的社交技能。

四、青少年出现心理行为问题后，家长应该怎么办？

1．正确看待青少年的心理行为问题。面对青少年可能出现的心理行为问题，家长和教育者应当保持清醒的认识，不要过度担心，也不要掉以轻心。在发现问题后，应积极寻求问题的根源，正视问题的存在，进行有效的干预，帮助青少年渡过难关。

2．建立良好的沟通。沟通是维系良好亲子关系的重要桥梁。保持开放和诚实的对话，倾听青少年的心声，了解他们的想法和感受，建立信任关系。通过真诚的交流，家长可以更好地理解孩子的内心世界，从而更好地支持和引导他们。

3．尊重和支持。家长在教育孩子的过程中，应当尊重他们的选择和独立性，给予他们必要的支持和理解。当孩子遇到问题和挫折时，家长应及时关注并给予帮助，让他们感受到家庭的温暖和支持，增强他们的自信心和解决问题的能力。

4．教育和引导。家长应当积极学习青少年发展的心理规律，了解他们的心理特点和成长需求。站在孩子的角度考虑问题，理解他们的需要和真实动机，再进行有效的沟通与决策。通过科学的教育方法，引导青少年健康成长。

5．饮食和运动。注重均衡的饮食和规律的运动对青少年的身心健康至关重要。均衡的饮食可以提供身体所需的营养，增强免疫力，而规律的运动则有助于释放压力，提高情绪，增强自信心。家长应当鼓励孩子养成良好的饮食和运动习惯，从而提高他们的身心健康水平。

6．寻求专业心理咨询。面对青少年的心理问题，家长可以考虑寻求专业心理咨询的帮助。认知行为疗法、精神分析疗法等方法已被证明对缓解心理问题有显著效果。这些方法可以帮助青少年改变不良的认知和行为模式，从而更好地应对生活中的挑战。

五、青少年心理咨询治疗领域主要的咨询流派有哪些？

在青少年心理咨询治疗领域有许多不同的流派。以下是一些主要的咨询流派。

1．认知行为疗法：这种疗法的核心理念是个体的情绪和行为受到其认知（即思维方式）的影响。认知行为疗法旨在帮助青少年识别和改变负面的思维模式，改善他们的情绪和行为反应。

2．家庭系统疗法：家庭系统疗法认为，个体的问题往往是家庭系统中各种关系和互动模式的反映。这种疗法旨在改善整个家庭的运作，通过调整家庭成员之间的互动方式，帮助青少年更好地应对心理问题。

3．心理动力学流派：心理动力学流派关注个体的潜意识冲突和动机，认为这些问题会影响当前的心理状态。这种疗法旨在帮助青少年理解和解决潜在的心理问题。

4．人本主义流派：人本主义强调个体的自我实现和自我发展。在治疗过程中，通过提供一个支持、理解和接纳的环境，帮助青少年发掘自身的潜力，实现自我成长。

5．焦点解决疗法：这种疗法专注于寻找解决问题的方法，而不是过多地关注问题本身。在治疗过程中，通过设定具体的目标和寻找可行的解决方案，帮助青少年迅速改善心理状态。

6．依附理论为基础的治疗：依附理论认为，个体与他人建立稳定的情感联系对其心理健康至关重要。这种疗法旨在帮助青少年建立健康的依附关系，改善他们的情感安全感和人际关系。

六、青少年心理咨询治疗常用的咨询方法有哪些？

在青少年心理咨询的过程中，咨询师通常会采用多种方法来帮助青少年解决心理问题。以下是一些常用的心理咨询方法：

1．心理评估：咨询师会通过一系列的评估工具和方法，了解青少年的心理状况、性格特点、行为模式等，以便更准确地诊断问题并制订相应的干预计划。

2．认知重构：青少年在成长过程中可能会形成一些不合理的信念和认知模式，导致出现情绪和行为问题。通过帮助青少年重构认知，让他们学会识别和挑战这些不合理的信念，并用更积极、合理的思维方式来替代它们。

3．情绪调节技巧：青少年在面对压力和挑战时，可能会出现情绪波动和失控的情况。咨询师会教授青少年一些情绪调节技巧，如深呼吸、正念冥想、写情绪日记等，帮助他们更好地管理自己的情绪。

4．行为激活：许多青少年在面对困难时，可能会出现逃避、拖延等消极行为。咨询师鼓励青少年积极参与各种活动，增强他们的成就感和自信心，从而解决情绪和行为问题。

5．家庭干预：家庭环境和家庭关系对青少年的心理发展有着重要影响。咨询师会与青少年的家庭成员进行沟通和合作，帮助他们改善家庭氛围，解决家庭矛盾，为青少年提供一个更有利于心理健康的成长环境。

6．角色扮演：咨询师让青少年在安全的环境中体验不同的角色和情境，帮助他们理解他人的感受和需求，提高他们的同理心和社交技能。

7．心理教育：咨询师会向青少年提供有关心理健康的知识和信息，帮助他们了解自己的心理特点和成长过程中可能遇到的问题，增强他们的自我认识和应对能力。

七、青少年出现心理行为问题后，如何寻求帮助？

1．与家长或信任的成年人进行深入沟通，充分表达自己的感受和困扰，以便他们能够更好地理解你的内心世界。通过坦诚的对话，分享你的想法和感受，让家长或信任的成年人了解你在学习、生活或人际关系中遇到的难题，从而获得他们的理解和支持。

2．主动寻求学校心理老师的帮助，与心理老师建立联系，定期进行面对面的咨询，讨论你在学习压力、人际关系或情绪管理等方面遇到的挑战，从而获得有效的应对策略。

3．联系当地的心理健康服务机构，咨询专业心理医生，获取更全面的心理健康评估和治疗方案。通过面对面或电话咨询等方式，与心理医生进行深入交流，探讨你的心理困扰，并根据医生的建议，制定个性化的治疗计划，以改善你的心理健康状况。

4．通过互联网查找心理健康热线，在感到焦虑、抑郁或其他心理不适时，拨打心理健康热线，与专业咨询师进行实时对话，以获得及时的心理安慰和建议。

5．参加社区或线上的心理支持小组，与同龄人交流经验，分享彼此的困惑和解决方法，从而获得情感支持和心理安慰。在小组中，你可以听到他人的故事，了解别人是如何应对类似问题的，同时也可以分享自己的经历，从中获得力量和启发。

6．阅读心理健康相关的书籍或资料，增加自我认识，了解更多的心理调适技巧，以便更好地应对生活中的压力和挑战。通过阅读，你可以学习到各种心理调适方法，如正念冥想、情绪管理技巧等，从而提升自己的心理韧性，应对各种生活挑战。

7．在必要时，寻求专业心理治疗或药物治疗，以便在心理问题较为严重时，能够得到及时和有效的治疗，恢复心理健康。当你的心理问题影响到日常生活和工作时，不要犹豫，及时寻求专业的心理治疗或药物治疗，以确保你的心理健康得到全面恢复。

八、如何寻找到适合孩子的专业心理咨询师？

如何寻找到适合孩子的专业心理咨询师？这是一个需要家长仔细考虑和认真筛选的过程，以下是一些具体的建议。

1．咨询前沟通：在选择心理咨询师之前，家长应该与心理咨询师进行初步的交流，详细描述孩子目前出现的一些行为表现或症状。通过沟通，心理咨询师可以了解孩子的问题，并提出最适合的干预方式。这个过程对于家长来说非常重要，因为它可以帮助家长判断心理咨询师是否具备足够的专业能力和经验来帮助孩子。

2．教育背景和实践经验：在选择心理咨询师时，家长应该特别关注其教育背景和实践经验。一个优秀的心理咨询师通常拥有扎实的专业知识和丰富的实践经验。家长可以通过查看心理咨询师的简历或询问相关问题来了解这些信息。此外，家长还可以了解心理咨询师是否持有相关的专业资格证书，确保心理咨询师具备一定的专业水平。

3．咨询流派和特长：不同的心理咨询师可能擅长不同的咨询流派和技术。家长可以根据孩子的具体问题选择合适的咨询流派。通过了解心理咨询师的特长，知道他们是否有处理类似问题的经验。这可以帮助家长判断心理咨询师是否能够为孩子提供有效的心理支持和帮助。

4．推荐与口碑：通过业内人士或家人朋友的推荐来寻找合适的心理咨询师，这种方式往往能获得较为可靠的信息。此外，家长还可以在网上搜索相关的信息，了解其他家长对心理咨询师的评价和反馈。通过这些方式，家长可以更容易地找到适合孩子的心理咨询师。

通过以上几点建议，家长可以更加科学和系统地选择一个适合孩子的心理咨询师，从而为孩子提供有效的心理支持和帮助。在这个过程中，家长需要耐心和细心，不断了解和评估心理咨询师的专业能力和经验，以确保孩子能够得到最好的心理帮助。

九、一个完整的青少年心理行为问题的咨询需要经历哪些过程？

一个完整的青少年心理行为问题的咨询过程通常包括以下几个关键步骤，以确保能够全面而有效地解决青少年的心理行为问题。

第一步：全面评估

在咨询的初始阶段，咨询师会对青少年进行全面的评估。这包括了解他们的基本信息、家庭背景、学校表现，以及具体的心理行为问题。咨询师会通过各种评估工具和方法，如问卷调查、心理测试和初步访谈，来收集相关信息，以便对青少年的基本情况有一个全面的了解。

第二步：调研访谈

在全面评估的基础上，咨询师会进行更深入的调研访谈。这一步骤通常包括与青少年本人进行多次一对一的对谈，以深入了解其内心世界和具体问题。同时，咨询师也会与他们的家长、老师和其他关系紧密的人进行交流，以获取更多的关于他们行为表现的外部信息。这有助于咨询师从多个角度全面了解问题的成因和背景。

第三步：撰写个性化咨询指导方案

根据前两步收集到的信息，咨询师会撰写一份个性化的咨询指导方案。这份方案会详细描述青少年面临的具体问题，设定咨询目标，并制定相应的干预措施和策略。方案中还会包括具体的咨询方法、活动和家庭作业，以确保咨询过程的系统性和针对性。

第四步：与家长和孩子沟通

在制订好个性化咨询指导方案后，咨询师会与家长和孩子进行充分的沟通。这一步骤的目的是确保家长和孩子对咨询方案有清晰的理解和认识，同时解答他们可能存在的疑问。通过沟通，咨询师可以优化并调整咨询指导方案，以更好地适应孩子及其家庭的需求。

第五步：按照方案实施

在得到家长和孩子的认可后，咨询师会按照个性化咨询指导方案进行实际的咨询工作。整个咨询过程通常需要 12 次左右的会面。在第 1～3 次会面中，咨询师会着重于建立信任关系，让孩子感到安全和被理解。接下来的第 4～8 次会面是咨询治疗的关键期，咨询师会集中解决孩子的核心心理行为问题。最后第 9～12 次会面则是提升和巩固期，咨询师会帮助孩子巩固已取得的进步，并制订未来的发展计划，以防止问题的复发。

通过以上五个步骤，一个完整的青少年心理行为问题咨询过程得以顺利实施，一般能系统地帮助孩子解决心理行为问题，促进青少年的健康成长。

十、为了有效地帮助孩子解决心理行为问题，家长必须掌握一些关键的常识

1．我们需要明确“疾病”和“症状”之间的区别。疾病通常指的是身体或心理上的一种不正常状态，而症状则是这种不正常状态的具体表现形式。例如，抑郁症是一种心理疾病，而情绪低落、兴趣丧失等则是其具体症状。在面对孩子的心理问题时，家长一定要保持冷静，不要因为焦虑而盲目寻求治疗，因为只有合适的治疗方案才能真正解决问题。

2．治疗青少年的心理行为问题，家庭治疗是一种非常有效的方法。家庭治疗不仅要关注孩子个人，而且应将整个家庭系统纳入治疗过程中，帮助家庭成员之间建立更健康、更有效的沟通和互动方式。这种方法有助于从根本上解决孩子的问题，而不仅仅是改变他们的症状。

3．青少年心理咨询师是一个独立的专业群体，他们与成人心理咨询师有着明显的区别。青少年心理咨询师不仅需要具备专业的心理学知识和技能，还需要了解青少年的生理和心理特点，以及他们在家庭、学校和社会中的特殊需求。因此，在选择心理咨询师时，家长应确保他们具备处理青少年心理问题的专业能力和经验。

4．家长还应该了解，心理行为问题的治疗是一个长期的过程，需要耐心和持续的努力。在这个过程中，家长的支持和理解至关重要。家长应该学会倾听孩子的想法和感受，给予孩子足够的关爱和理解，帮助他们建立自信和自尊。同时，家长也应该学会与孩子进行有效的沟通，避免使用指责和批评的方式，而应采用积极的沟通方式，帮助孩子更好地表达自己，解决心理上的问题。

5. 家长还应该意识到心理行为问题的治疗不能只是依靠专业人员的帮助，家庭环境也起着至关重要的作用。家长应该努力营造一个温馨、和谐的家庭氛围，为孩子提供一个安全、稳定的家庭环境。通过家庭和专业人员的共同努力，才能更好地帮助孩子克服心理问题，健康成长。

十一、青少年的心理行为问题与家庭环境的关系？

孩子的心理行为问题与家庭环境和家长的行为举止有着密不可分的联系。家长实际上扮演着孩子最重要的心理顾问的角色。在孩子成长的每一个阶段，家庭教育都发挥着至关重要的作用，影响着孩子的心理发展和行为模式。

如果在孩子早期的家庭教育中，未能建立起明确的规则和界线，缺乏对孩子自控与自律意识的培养，这可能会导致一系列负面的后果。例如，孩子可能会厌学、逃学，或者品行不端等。在心理层面，特殊癖好也可能随之产生。

另一方面，家庭关系中缺少爱和亲密感，孩子可能会表现出暴躁、易怒，甚至有暴力倾向。抑郁、自残自伤、自我封闭、轻生等严重心理问题也可能随之而来。此外，如果早期家庭关系中缺少了支持、鼓励、认可等，孩子在面对挫折时可能会显得非常脆弱，畏惧困难，退缩不前，甚至失去生活的勇气。在人际关系方面，孩子可能会难以交到朋友，不愿意相信他人。在性格上，孩子可能会变得挑剔、计较、小气、狭隘，难以融入社会。

因此，作为家长，我们需要意识到自己在孩子心理成长过程中扮演的重要角色，积极地为孩子提供一个充满爱和榜样的家庭环境，帮助他们健康成长。家长通过树立良好的榜样，培养孩子的自控能力和自律意识，同时给予孩子足够的关爱和亲密感，确保他们感受到家庭的温暖和支持。通过这些努力，家长可以为孩子创造一个有利于心理健康发展的家庭环境，从而预防和减少心理行为问题的发生。

十二、一个优秀的青少年心理咨询师应该具备哪些特质和能力？

首先，从专业背景来看，一个合格的咨询师通常需要拥有心理学、教育学、家庭教育等相关领域的深厚学术背景。他们不仅掌握了丰富的理论知识，还积累了大量的实践经验，这样才能更好地理解和帮助青少年。这些经验包括与青少年进行有效沟通的技巧、识别和处理各种心理问题的方法，以及能够针对不同的问题制定个性化的干预计划等。

其次，沟通能力对于一个咨询师来说至关重要。一个合格的咨询师必须具备出色的倾听技巧，能够耐心地倾听孩子和家长所面临的困扰和问题，能够深入理解青少年的情感和需求，从而提供更有针对性的建议和支持。此外，咨询师还需要具备良好的表达能力，用青少年能够理解的语言解释复杂的心理概念，帮助他们更好地认识和管理自己的情绪和行为。

最后，职业道德是衡量一个咨询师是否合格的重要标准之一。一个合格的咨询师会严格遵守职业道德规范，尊重孩子和家长的隐私权，保护他们的合法权益。此外，咨询师还需要具备高度的责任感和同理心，对于青少年遇到的任何问题，他们都要给予及时的帮助和建议，帮助他们渡过难关。总之，一个优秀的青少年心理咨询师不仅需要具备扎实的专业知识和技能，还需要具备良好的沟通能力和高尚的职业道德，这样才能真正地帮助青少年，促进他们的全面发展。

十三、心理咨询师和心理医生的区别

心理咨询师和心理医生在专业背景、服务对象，以及治疗方式上存在一些显著的区别。

首先，从专业背景来看，心理咨询师通常具备心理学相关的教育背景和专业知识，他们往往拥有心理学学士、硕士或博士学位，掌握了心理学的基本理论和方法，能够运用心理学的原理来帮助人们解决心理问题。而心理医生则具备医学背景，他们大多是获得了执业资格的医生。心理医生不仅具备医学知识，还拥有精神医学方面的诊疗经验，能够从医学角度诊断和治疗心理疾病。

在治疗方式上，心理咨询师主要采用非药物治疗方法，如认知行为疗法、精神分析疗法、人本主义疗法等，通过与来访者的对话和互动，帮助他们认识到问题的根源，学会应对心理行为问题的策略，从而改善患者的心理状态。这些治疗方法强调通过心理调整和行为改变来解决问题。而心理医生则可能采用更为综合的治疗方法，包括药物治疗、物理治疗、手术治疗等。在某些情况下，心理医生还会结合心理咨询师的治疗方法，为患者提供更为全面的治疗方案，以达到最佳的治疗效果。

总的来说，心理咨询师和心理医生在治疗方式上各有侧重。但他们都致力于通过自己的专业知识和技能来改善患者的心理健康状况。

第二章

咨询案例及分析

案例一：我不想上学了，女生讨厌我

一、基本信息

来访者：孩子母亲。

孩子信息：男孩，16 岁，高中生。

诉求：帮助儿子恢复学习动力。

基本情况：该男孩现年 16 岁，就读于高中一年级。据家长反馈，孩子在班级中感到孤立无援，尤其经历了两次与女同学之间的不愉快事件后，情绪受到了严重影响。一次是因为一位女同学评论他长相显老，另一次则是与女同学发生争执。此外，家长还提到孩子的学习成绩近期出现了显著下滑，从之前的排名下降了 90 位。孩子表示不喜欢有人背后议论自己，对几位曾经的好朋友感到非常失望，对人际交往感到十分挫败。鉴于此，孩子的母亲寻求帮助，希望孩子能够重新找回学习的动力，恢复正常的学习生活。

二、案例描述

这是一名高一的男生，成绩曾一度优秀，个性内向、敏感且独立。升入高中后，因与女生间发生的几次“不愉快”事件，他陷入了自我否定、怀疑，以及人际关系的信任危机之中，难以摆脱内心的困扰。这种情况不仅影响了他的学习成绩，还导致他不愿上学，内心充满了因同学、学校及外界的评价产生的恐惧与压力，最终选择了在家逃避。家长对此深感忧虑，却难以提供孩子所需的支持，感到十分迷茫。尽管孩子有意愿改善现状，但他缺乏重新融入集体、面对同学的勇气和力量。

三、咨询节选

心理咨询师：家长您好！请先简单介绍一下孩子的情况及您的诉求。

来访者：好的。我的儿子今年 16 岁，差一点就能考上本地的重点高中。为了不让他输在起跑线上，我们将他送到市内的另一所私立学校就读，那是一所全封闭式的学校。起初，他在班上的表现非常出色，曾多次获得第一名的成绩，因此被调入了重点班。然而，大约 20 天前，他突然表示不愿意继续留在重点班了，原因是感到孤独，班上的同学对他有所非议，特别是有女生评论他的外貌，说他看起来显老。这次期中考试，他的成绩大幅下滑，从全年级的第 70 名跌落至第 160 名。当我询问他成绩下降的原因时，他告诉我有些同学在他背后议论纷纷。自从升入高中以来，他变得越来越在意自己的外表，总是觉得自己的长相不够英俊，这导致了他与班上的两位女生发生了较为严重的争执。第一次是一位女生直言他长相老气，他因此出言不逊，受到班主任的批评；第二次则是因为一位女生不愿意在跑步时与他并肩，他认为这是对自己的侮辱，遂对女生恶语相向，最终也被老师惩罚。这些经历让他对所有的女同学产生了戒备心理，并且难以与她们建立正常的交往。而且，我有一个亲戚的孩子在外地求学时遇到过类似的问题，最后患上了抑郁症，这让我非常担心我的儿子是否也会产生同样的问题。因此，我向学校申请让儿子回到了原来的班级。刚开始几天，他似乎状态不错，然而，过了一周，他打电话给我，情绪非常激动，甚至在电话中哭泣，坚持说不再想去那所学校读书，要求回家。回家后，我了解到，班里的一位女生在照镜子时反射的光线照到了他，他对女生说了几句抱怨的话，对方误解为他对自己有意，他却以一句冒犯性的话语回应了这位女生。这件事很快在班级传开，连那些平时关系较好的同学也加入了议论的行列。他对这种表面友好背地里却说人坏话的行为感到困惑和愤怒，导致他决定不再上学。

孩子从 2 岁起便由祖父母照顾，而我则在外经营店铺。直到他上初中一年级时，我才回到家中，但仍忙于店铺经营，很少有时间亲自为他准备饭菜。对此，我也感到非常内疚，或许是因为缺乏足够的陪伴，导致孩子缺乏安全感。

心理咨询师：您与孩子的关系怎么样？

来访者：我们关系很好，他有什么事情都会跟我分享。

心理咨询师：您的儿子性格上更倾向于内向还是外向？

来访者：他比较内向、敏感，不过与亲戚朋友们见面时也会主动打招呼。

心理咨询师：您是希望我帮忙分析孩子不愿上学的原因吗？

来访者：是的，我希望了解他现在面临的问题，以及我们应该如何帮助他。

心理咨询师：根据您的描述，孩子在性格上确实过于内向和敏感，这可能与他早年缺乏父母的陪伴有关。虽然这培养了他的独立性和较强的自我管理能力，但在高中阶段，随着学业压力增大和对人际关系的关注加深，他面临着两方面的挑战：一是学业上的压力；二是青春期特有的社交难题，尤其是在处理与异性同学的关系方面。这两个因素共同作用，形成了所谓的“高一综合征”。目前看来，孩子正处在适应不良的状态，感到迷茫和无力。针对这种情况，我有几点建议：首先，如果您有足够的时间，可以尝试学习一些亲子沟通的方法，以便在孩子遇到困难时能够给予适当的支持。其次，如果条件允许，可以考虑为孩子寻找专业的心理咨询师进行辅导。这将有助于他更好地理解自己的情绪，学会应对人际交往中的挑战。

来访者：老师，您说的我都记下来了。第一点是学习亲子沟通技巧；第二点是寻找心理咨询师对孩子进行心理疏导。但如果孩子不愿意接受心理咨询怎么办？

心理咨询师：从您的描述来看，他是一个理解能力强且听话的孩子，意识到自己遇到了问题，并愿意寻求解决方案。您可以和他坦诚交流，告诉他现在面临的困境，以及寻求专业人士帮助的重要性。他内心深处是想要克服障碍，重回学校的，只是目前缺乏足够的勇气和支持。

来访者：谢谢老师的建议，我会试着和孩子谈谈看的。

四、案例分析

➢ 高中学习压力过大导致成绩倒退

来访者反映，孩子在初中期间学习成绩一直不错，中考虽与理想的重点高中失之交臂，但仍进入了较为优秀的高中。总体而言，初中阶段孩子的学习状态和精神状态都没有让父母担心。然而，到了高中，孩子不仅在学习上遇到了问题，还在人际交往上遭遇了困扰。心理咨询师分析，孩子目前的情况很大程度上与他对高一新环境和学习压力的适应力不足有关。适应力不足，指的是在进入一个新的外部环境时，内部缺乏合理评估，外部缺乏必要调整，导致适应不良，引发较大的心理冲突。

首先，刚进入高中阶段的学生，可能会因为缺乏对学科知识的系统性认识而感到不适应。高中课程相比初中而言是一个更大的挑战，要求学生拥有更强的逻辑思维和分析能力，学习方法也有所不同。如果仅凭兴趣学习，很难适应高中的学业要求，从而产生不适应感。

其次，心理咨询师了解到，与入学初期相比，孩子成绩下滑了 90 名，心理落差较大，挫败感强烈，学习信心受损，对自身学习能力产生怀疑，导致内在驱动力减弱。正如来访者所述，孩子已经失去了学习的兴趣。同时，外部驱动力过于功利化，过分强调成绩，家长和教师的高期望值成为孩子面临的另一重压力。如果外在压力过大，孩子可能会因无法有效调节而产生更多不适应感，难以应对内外的双重压力。

➢ **放错地方的自尊**

来访者向心理咨询师表示，孩子现在非常害怕被他人嘲笑，极度看重面子。孩子非常在意他人对自己的看法，对负面评价异常敏感，无论是老师还是同学的评价都让他感到不安。用来访者的话来说，孩子的某些反应显得有些过度。即使与男同学相处时，孩子也容易发生不愉快，给人留下不能开玩笑的印象。孩子的这种表现，在心理学上被称为“聚光灯效应”（Spotlight Effect），即个体倾向于高估他人对自己的关注度，认为自己的行为会被更多人注意到。这种现象源于个人对自身的过度关注，以及对他人评价的过分在意。实际上，大多数人并没有像我们想象中那样时刻关注着我们，这种误解严重影响了与他人的正常互动，降低了在群体中的归属感。

青春期孩子的敏感特质，若未得到妥善引导，很容易导致他们在人际交往中出现问题。青春期是个体生理、心理和社会角色发生巨变的关键时期。家长如果不了解这一阶段孩子的特点，就很难提供有效的支持和帮助。

五、咨询建议

1．家长应当协助孩子更好地融入高中的学习环境，重燃学习的热情，灌输正面的价值观。制订学习计划和学业规划，不仅要关注眼前的课程，还要将学业目标置于更长远的视角下考量。如此一来，即使孩子的成绩出现波动，从长远角度来看，这些问题也能成为有价值的参考。同时，激发孩子的内在学习兴趣与动力，鼓励他们发现自己的学习强项，实现自我驱动，而不是陷入自我贬低。适当地引导外界的压力，防止因压力过大而引发孩子的反抗心态。增加与孩子的沟通次数，关注孩子的需求，而不仅仅是学业成绩。

2．在人际交往上，家长可指导孩子理解个人空间与自我价值，学习在社交中维持适宜的距离。人际交往的基础在于真诚与善意，同时要摒弃不健康的依赖。教导孩子认识并尊重自己与他人的界限，构建平等和谐的人际网络，既不过度取悦也不无端对抗。此外，还应加强性心理教育，帮助孩子掌握与异性相处的技巧。同时，培养孩子的自信与自主能力，鼓励其独立思考及解决问题。

3．当孩子分享内心感受时，家长应以耐心的态度倾听，避免做出评价或指责，传递出理解与支持的信息。家长与教师都应注意孩子与同龄人的关系，提供适当的援助，让孩子感受到支持与陪伴。

4．若孩子在适应新环境或人际交往中遇到困难，从而产生自我怀疑和不良情绪，可以通过一些方法来缓解负面情绪，如练习深呼吸等，从自身做起进行调整。

5．聚光灯效应与自我意识之间的关联体现在人们倾向于过分关注自己在他人心目中的形象，这源于自我中心的认知偏差。通过重建自我认知，认识到每个人都是自己生活的主角，而不是他人视线的焦点，有助于孩子克服这种心理障碍。此外，通过发展个人兴趣和增强自我价值感来提升自信心，亦能有效减轻聚光灯效应所带来的压力。

6. 考虑为孩子寻找专业的心理咨询师，进行一定周期的一对一心理辅导，以帮助解决心理问题。

案例二：我的世界为什么是扁的?

一、基本信息

来访者：孩子母亲。

孩子信息：女孩，13 岁，初中生。

诉求：孩子面临学习压力和情绪困扰，母亲怀疑孩子可能患有焦虑症。希望孩子恢复正常的心理状态。

基本情况：孩子为独生女，现暂时休学。母亲全职陪伴并负责孩子的生活；父亲因工作缘故常驻外地而很少在家。家庭教育责任主要由母亲承担，夫妻关系和谐。

二、案例描述

孩子每日回家后常抱怨教室里噪声过大引起头痛。自身非常注重学习成绩且学习态度积极努力，但成绩仅维持在平均水平，未能达到个人期望。尽管如此，孩子仍保持着自己的兴趣爱好，特别是对成为警察的梦想充满热情，这驱使她在学习上加倍努力。然而，母亲认为孩子在学习能力上可能有所限制。近期，由于成绩不佳，孩子情绪低落，曾向母亲表达过极端消极的思想。此外，孩子对外界社交活动的兴趣明显减弱，偏好安静的环境，对于热闹场合表现出明显的不适感。孩子偶尔会表达一些难以理解的观点，比如认为周围世界是平面的，生活体验像是一场梦，所有事物都显得不真实。

三、咨询节选

来访者：老师好，我的女儿正在上初一，近来她的状态很不稳定，期末考试成绩大幅下降，与同学之间的关系也变得紧张，情绪波动较大，现在处于休学状态。我非常希望能够帮助到她，但不知从何做起。

心理咨询师：家长，能否详细描述一下孩子情绪不佳的具体表现？

来访者：我在网络上查阅了一些资料，认为孩子可能患有焦虑症。她对任何事情都失去了兴趣，总是感到忧郁，对未来感到恐惧，对自己的学业成绩感到极度不满并常常自责，感觉自己毫无价值。

心理咨询师：根据您的描述，孩子的症状更符合抑郁症的表现。除了在线搜索信息外，您是否已经寻求过专业人士的帮助？

来访者：还没有。另外，孩子最近开始有一些奇怪的想法，比如她认为自己看到的世界是二维的，感觉不真实，每天的生活就像是在做梦一样，听到的声音也变得不真实。

心理咨询师：这些状况大约是从什么时候开始出现的？

来访者：最近才开始对我说这些。

心理咨询师：当孩子向您分享这些想法时，您是如何回应的？您是否尝试了解这些想法的来源，是长期存在的，还是偶尔产生的？

来访者：我没有深入询问过。实际上，我发现现在与孩子沟通变得越来越困难，她不愿意向我们透露内心的想法，即使问她，她也可能不说。总之，她不太愿意与我们交流。

心理咨询师：孩子现在不愿意与你们交谈，还是以前也是这样的情况？

来访者：小时候还好，自从小学一年级开始住校后，每周只有周末回家时才会简单聊聊学习的事情。

心理咨询师： 请问，是什么原因让您决定在孩子一年级时就让她住校？

来访者： 一方面是因为我们的工作繁忙，另一方面是我们认为住校能够促进孩子的独立性发展。

心理咨询师： 您认为孩子的性格倾向于内向还是外向？她是那种心思细腻、敏感的人，还是较为粗心、随意？

来访者： 孩子比较内向，但在不同的人面前表现不一。她的心思很细腻，是一个相当敏感的人。她过去很喜欢画画和跳舞，也参加过一些比赛，但她并不喜欢参加比赛，只是享受绘画过程中的乐趣。

心理咨询师： 孩子现在还继续画画吗？您之前提到她现在对任何事情都提不起兴趣。

来访者： 确实不如从前喜欢。

心理咨询师： 面对孩子失去学习兴趣的情况，您采取了哪些措施？

来访者： 我尝试引导孩子平衡学习和休息，但她似乎对此提不起兴趣。

心理咨询师： 那么父亲呢？在这种情况下，他是否与孩子进行过沟通？

来访者： 孩子几乎不与父亲沟通，父亲也因为工作原因较少参与孩子的教育管理。现在由于学习上的懈怠，父亲对孩子的关心更少了。事实上，从孩子很小的时候起，父亲就很少参与孩子的日常生活。

心理咨询师： 父亲的缺席确实会对孩子的成长产生重要影响。在学习方面，除了帮助孩子分析成绩不佳的原因之外，还可以鼓励孩子谈谈她的梦想和未来的规划，帮助她建立对未来的积极展望。

来访者： 孩子表达了想要成为一名警察的愿望。

四、案例分析

➢ 低年级就住校，但没有培养出独立、抗挫能力

为了锻炼孩子，让孩子从小学一年级开始住校，直至初中。理论上，住校

确实有助于培养孩子的适应力和独立性，让孩子学会自我管理，为将来的独立生活打下基础。然而，孩子当前的情况与来访者的期望相去甚远。尽管孩子从小就开始独立生活，但并未展现出应有的独立性和抗压能力。相反，孩子在升入初中后，出现了学习动力下降、厌学、休学等现象，同时伴有抑郁情绪和一些不寻常的想法。

首先，过早让孩子住校，对孩子的身心成长可能弊大于利。从幼儿园过渡到小学，对孩子而言本身就是一大挑战，加之与父母长时间分离，孩子需独自面对各种挑战。在学校环境中，严格的管理和较多的规章制度，加上师生比例悬殊，可能导致教师难以及时察觉并满足孩子的心理需求。特别是对于性格内向、不善表达的孩子，这种环境下很难进行有效的情绪调节和适应。。

其次，小学阶段的孩子独立性有限，不应期望过高。独立能力的形成，是在充分感受到安全和支持的基础上逐步实现的，而非通过简单的"放养"方式达成。缺乏必要的情感支持和安全感，反而可能导致孩子无法形成健康的独立人格。

最后，长期与父母分离，缺乏足够的关爱，可能对孩子的心理健康产生不利影响。研究表明，过早住校的小学生可能会感到孤独和无助，尤其在面临学业、生活和人际交往方面的困难时。这些问题若得不到妥善解决，可能会导致孩子产生逃避心理，进一步损害其心理健康。

➢ **缺乏情感连接**

心理咨询师询问孩子性格时，来访者描述孩子性格内向、略带忧郁，具有艺术气质，但学习上缺乏天分。孩子热爱绘画，但不喜欢参加比赛，享受创作过程而非竞争。孩子对成绩极为在意，但由于成绩未达预期，情绪低落，甚至表达了轻生的念头。最近，孩子开始说出一些奇特的话语，如"感觉在减半""像是在做梦""看到的世界是扁的"。

心理咨询师进一步询问来访者如何回应孩子的这些表述。来访者表示，她认为孩子可能患有焦虑症，而此结论来源于网络搜索。来访者并未与孩子深入交流，却给孩子贴上了标签。心理咨询师观察到，来访者与孩子之间存在沟通障碍，主要原因在于双方缺乏情感连接。孩子住校期间，与父母相处时间极少，彼此间爱的流动受限。家长与孩子沟通时，往往侧重于评判而非理解，未能真正走进孩子的内心世界。这种状况导致孩子感到孤独，对世界的感知也变得不真实。

➢ **成长过程中父亲的缺位**

在谈到家庭关系时，来访者透露，父亲因工作原因长期出差，每月回家次数屈指可数，即使在家也鲜少陪伴孩子。孩子与父亲之间缺乏情感互动，这对孩子的心理发展产生了负面影响。

首先，父亲的缺位可能导致孩子缺乏安全感。孩子想当警察的愿望，或许正是对强大保护者的一种潜意识向往。

其次，父亲的缺位不仅削弱了孩子的内心力量，还可能引发自卑情绪。长期住校的孩子本就缺乏家庭支持，再加上父亲的缺席，孩子在遇到困难时很难积极应对，容易陷入孤立无援的境地。

最后，父亲的缺位还可能阻碍孩子责任感的形成。孩子面对困难时倾向于逃避，部分原因在于未能深刻认识到作为学生应尽的责任。父亲的行为模式无形中传递了一种不负责任的态度，影响了孩子对责任的认知。

五、咨询建议

1．情绪疏导。当前，孩子正遭受多种负面情绪的影响，表现出抑郁倾向。建议孩子接受专业的心理咨询，以深入了解并解决其内心的困惑。

2．增强亲子关系。家长应积极重建与孩子的感情纽带，为孩子提供坚强的心理后盾，包括情感支持和正面鼓励，而非单纯指责。

3．父亲的陪伴。父亲应更多地参与到孩子的成长中，通过关心和理解孩子，逐步建立信任，发挥其应有的作用。

4．鼓励表达与兴趣培养。引导孩子正视学业压力，提升自我价值感，同时鼓励孩子积极参与兴趣活动，增强自信，促进全面发展。

5．家校合作。家长应与学校保持紧密联系，共同关注孩子的学习和生活状况，为孩子营造一个健康和谐的成长环境。

案例三：管不住孩子的高管妈妈

一、基本信息

来访者：孩子母亲。

孩子信息：男孩，13 岁，初中生。

诉求：希望帮助“躺平摆烂”的儿子重拾学习动力。

基本情况

孩子母亲是一位事业成功的企业高管，孩子自小成绩优异，曾随家人去往 30 多个国家旅行，参加过多种国际活动。然而，进入初中后，在学习上孩子逐渐表现出“躺平摆烂”的态度，这让母亲难以接受。母亲因工作原因，在孩子成长过程中长期缺席，直至最近才开始全身心投入到孩子的教育与陪伴中。

二、案例描述

母亲在事业上取得了显著成就，但在孩子出生至 13 岁期间，未能充分参与其成长过程。由于家庭变故，母亲承担起对孩子抚养与教育的责任，成为“新手妈妈”。当母亲正考虑孩子未来的规划时，孩子却表现出“躺平摆烂”的状态，这令母亲感到无力应对。

三、咨询节选

来访者：我家孩子现在处于一种“躺平摆烂”的状态，特别是今年以来，不再认真完成作业，对待考试的态度变得无所谓，成绩从不及格到 70 分不等。

期末考试即将来临，但他似乎完全没准备。我今年五十多岁，正值更年期，孩子正处于青春期，因此我们之间沟通并不顺利。我们已决定明年送孩子出国读书，但我与前夫在教育理念上存在分歧，最终导致离婚。

心理咨询师：我明白了，请继续说一说您的诉求。

来访者：过去十年，孩子的教育主要由他父亲负责。由于家庭变故，我从去年开始接管孩子的教育，但作为“新手妈妈”，我在教育过程中遇到了不少困惑。例如，面对孩子的现状，我应采取怎样的态度与措施？这是否只是孩子成长过程中的暂时性表现？

心理咨询师：您提到的这些问题非常具体。首先，我想确认一点，孩子是否清楚明年将要出国读书的计划？

来访者：是的，他知道。

心理咨询师：孩子可能认为既然将来要出国，就没有必要在国内过于努力，因此缺乏学习动力。不过，您的担忧是有道理的，毕竟学习态度与自律能力的培养对于孩子的长远发展至关重要。

来访者：是的，我也担心如果现在不纠正他的态度，将来在国外也会延续这种消极状态。

心理咨询师：13 岁的他心智尚未完全成熟，可能会觉得既然不在国内继续深造，为何还要付出额外的努力。这种情况下，失去学习动力是正常的反应。不过，您提到孩子仍然按时上学，这说明他并没有彻底放弃。

来访者：对我来说，这种变化令人难以接受。以前他表现得很好，但从去年开始逐渐下滑。这可能与一些外部因素有关。我希望通过正确的引导，帮助他恢复积极的学习态度。

心理咨询师：您的诉求非常明确。一方面，您想了解孩子当前的行为是否属于正常现象；另一方面，您希望找到激发孩子学习动力的方法。接下来，我们可以逐一探讨解决方案。

四、案例分析

➢ 用管员工的方法管孩子

心理咨询师发现，在交流过程中来访者始终占据主导地位，有时心理咨询师提出问题试图启发来访者，但来访者常答非所问或反问。来访者坚持自己的观点和想法，给心理咨询师留下了深刻印象。来访者是一位成功的女性高管，她在工作中形成的管理风格不知不觉地也带入了家庭教育中。这导致来访者与孩子之间的沟通不畅，亲子关系紧张，从而“管不住孩子”。

首先，来访者在管教孩子时，主要采用说教的方式，从利害关系角度分析问题。例如，孩子玩手机、不做作业对孩子有哪些影响，未来会有哪些危害等。然而，说教的效果往往难以持久，孩子最初可能会假装听从，但很快就会恢复原状。来访者不赞同打骂教育，结果陷入无计可施的状态。

其次，来访者在与孩子沟通时，常常以监管者的口吻，高高在上地命令和指责孩子。这种沟通方式导致孩子不听从和排斥。来访者在与心理咨询师交流时，总是掌控话语权，这反映了她与孩子沟通的模式。孩子很难有机会表达自己的想法，也很难让妈妈理解和接纳。这种单向的沟通方式抑制了孩子的表达欲望，使孩子不愿与妈妈沟通，进一步加剧了亲子关系的紧张。

最后，来访者习惯站在自己的角度，用自己的想法衡量孩子，缺乏对孩子真实感受的理解。心理咨询师在与来访者沟通时，发现来访者总是坚持自己的观点。当心理咨询师试图启发来访者时，来访者很快回到自己的轨道，陈述自己的观点。这种模式在与孩子的沟通中也很常见。孩子为什么玩手机和不爱学习，都是来访者自己分析的结果，没有从孩子那里获取有效信息。因此，来访者总是按照自己的思路与孩子沟通，试图说服孩子，结果往往是南辕北辙，从而“管不住孩子”。

➢ 未被察觉的情绪

心理咨询师发现，来访者逻辑清晰，但说话速度快，显示出明显的焦虑情绪。当心理咨询师试图帮助来访者疏导情绪时，来访者回答："我一直都是这样。"来访者长期存在未被察觉的焦虑情绪，这种情绪在与孩子的沟通中产生了负面影响。

首先，家长焦虑时，容易放大孩子的缺点。孩子成长过程中出现问题是正常的，但如果家长过度焦虑，看待问题时往往会不客观、不理性，夸大孩子的缺点，忽视孩子的优点。这会严重影响孩子的自信心，使孩子变得消极，遇到问题时缺乏勇气。

其次，来访者的焦虑情绪也会影响孩子的情绪。孩子可能会在面对问题时发泄情绪或被负面情绪裹挟，变得焦躁不安、无所适从。这种状态下，孩子遇到困难时只会束手无策，而不是冷静思考解决问题。长期焦虑会导致孩子情绪失控，害怕困难，失去尝试的勇气，这对孩子的性格发展非常不利。来访者反映，孩子在被没收手机或不让玩手机时，情绪反应特别激烈，这可能是因为长期受来访者焦虑情绪的影响。

➢ 妈妈不懂孩子的心理

心理咨询师与来访者建立信任后，来访者逐渐表露心声，表示在养育孩子过程中感到强烈的挫败感。来访者说："自己能轻松搞定员工，却没办法搞定孩子。"

这正是问题所在。来访者懂员工，但不懂孩子，不理解孩子行为背后的真实动机和想法。不理解孩子的情况下，在对其教育的过程中往往会出现以下问题。

1．让孩子产生逆反心理。孩子需要被家长尊重和理解，如果家长总是忽略孩子的内心需求，不给予理解和支持，孩子会对家长失去信任，产生逆反心理。孩子长期不被理解会导致对父母的不满日益增加，最终暴发。来访者反映的"管不住孩子"就是孩子逆反心理的表现。

2．造成孩子低自尊。童年时期情感被忽视的孩子通常表现为“低自尊”。低自尊的孩子内在动力、自信和自律能力较弱。孩子成长需要家庭提供爱、赞扬、指引和鼓励。家长能否提供这些“爱的养分”取决于是否理解孩子。否则，孩子的自我价值和自尊会受损，感到自卑、得不到支持，丧失归属感，容易出现摆烂、放弃的情况。

3．无法明确表达自己的情绪。被忽视情感、不被理解的孩子往往无法明确自己的感受和需求，无法向外界表达自己的情绪。他们无法感知自己的情绪，否定内心感受和情感需求，无法相信自己的决策和判断，最终表现为没有底气、做事混乱、无目标、消极、难以投入，缺少克服困难的勇气。

五、咨询建议

1．来访者需要在与孩子的互动过程中，逐渐调整自身角色定位。这不仅意味着从传统监管者或管理者的身份，转变为更加贴近孩子、对孩子充满关爱的角色。这样的转变不仅是称谓的变化，更是心态和方法的根本调整。来访者应从过去的预设立场和单向教育的方式，转向全面了解和理解孩子的教育方法。这要求深入了解和掌握孩子在不同成长阶段的心理特点和成长规律。

2．来访者不应仅凭个人经验和主观判断来评价孩子的行为，而是应当努力与孩子建立起心灵的连接，更多关注孩子的情感世界。这包括倾听孩子的心声，观察孩子的行为，理解孩子的思想，真正融入孩子的内心世界。在与孩子的交流中，来访者应增加鼓励和支持，减少说教和批评。从孩子的角度出发，理解他们的感受和需求，用爱心去包容和指导他们。

3．来访者还需接受心理咨询，探索自己焦虑情绪背后的根本原因。从认识自己的情绪入手，逐步学会调节和管理情绪，同时也要学会理解和接受孩子的情绪。将情绪的表达转化为情感的支持，这样才能与孩子达到共鸣，营造出一个良好的沟通氛围。这样做，“教育孩子”才会变得更为轻松和高效。

4．为了更有效地理解孩子，来访者还应学习和了解孩子当前成长阶段的行为特征、内心需求及可能面临的挑战。通过全面的认识和理解，父母可以更好地把握孩子的行为，避免停留在指责和教训的层次。这样，父母就能为孩子提供更广阔的发展空间，更易接受孩子成长过程中的各种情况，从而促进孩子形成健全、完整的人格。

案例四：不上学就挺开心的——当休学成为一种习惯

一、基本信息

来访者：孩子母亲。

孩子信息：女孩，15 岁，初中生。

诉求：希望帮助休学的女儿重建自信，实现转变，最终能够复学。

基本情况：女孩初一转学到一所寄宿学校。转学后，她觉得同学们对她态度不友好，回家后常常哭泣，并表示不愿再去学校，随后休学一年。尽管其间复学，但她大部分时间都在请假，虽然愿意参加考试，却不愿回学校，大部分时间宅在家玩手机。除学习外，她在家中的情绪相对稳定。曾主动寻求心理咨询，但在经过多次咨询后觉得没有帮助而停止。医生开具药物治疗，但由于出现头晕等副作用，决定不再服药。在第一所学校时，尽管学校条件一般，但她个人感觉良好；转至第二所学校后，因竞争压力加大、住校生活及人际交往困难等因素，使其逐渐无法适应新环境，感到被孤立，对学校产生恐惧感，仅坚持了一个半月便不再上学。心理教师尝试与她沟通，但孩子认为这让自己在同学面前丢脸，对此非常不满。

二、案例描述

15 岁的初中女生，在小学时期表现较为正常。小学毕业后，先是在一所普通中学就读，经过半个学期后，在父母的帮助下转入一所条件更好的学校。然而，新的学习环境、激烈的学业竞争，以及复杂的人际关系给她的心理造成了巨大压力。住校生活仅持续了一个半月，她便感到学校环境令人生畏，并向家长提出了休学的想法。由于在关键时期未能获得父母足够的理解和支持，导致她选择了逃避而非勇敢面对挑战，这使得她休学长达一年之久，身心健康状况随之恶化。

三、咨询节选

心理咨询师：家长您好！请问您目前的诉求是什么？

来访者：老师好，我简要说明一下。正常来说，孩子现在应该是初二的学生。她先是在一所普通中学就读。去年 10 月底，我们在努力之下让她转到了一所更好的中学。那时我没有意识到转学问题的严重性，直到一个月后她回家告诉我，她不想再去那所学校了，因为同学们对她不友好。去年 11 月，每到周末她都会哭诉在学校不愉快的经历，尤其是同学之间不友好的互动。12 月，她又感染了新冠病毒，之后便不再去学校。这一年来，我们一直在尝试让她复学，虽然她同意了，但实际上整个学期几乎都在请假，真正到校的时间不超过一周。这段时间，她几乎不与外界接触，整天沉迷于手机游戏。

心理咨询师：她与哪些家人一起生活？是谁负责她的饮食起居呢？

来访者：以前我们会在家做饭，但现在因为这件事，我们已经不再亲自下厨了，多数时候是带她去外婆家吃饭，或直接订外卖。

心理咨询师：听您的描述，她似乎在家里过得很自在？

来访者：确实如此，她每天都在玩手机、玩游戏。

心理咨询师：只要没人干涉，她就感到很开心？

来访者：是的，只要不谈论学习相关的事情，她的情绪每天都很好。

心理咨询师：除了学习之外，她对其他活动的兴趣如何？

来访者：她养了两只猫咪，对它们的关心甚至超过了对我们的关心。

心理咨询师：您有没有考虑过带她去看医生或者心理咨询师？

来访者：起初，她主动要求过，我们也陪同她去了几次县里的心理咨询中心。但大概三四次后，她觉得没有帮助，就不再愿意去了。

心理咨询师：在这段时间里，您和她的父亲有没有给予她更多的关注和支持？比如通过交谈来了解她的想法？

来访者：我们有过交流，也尝试通过学校的老师来帮助她，但效果不佳。特别是当心理老师当众叫她出去谈话时，她感到非常尴尬和不满。

四、案例分析

➢ 适应力不足造成的心理行为问题

孩子的问题最初出现在初一，又叠加了转学的压力，很可能孩子目前的问题根源在于适应力不足导致出现心理行为问题。

首先，适应不良可能导致孩子在情绪上表现出抑郁、焦虑、厌烦、退缩等负面情绪。具体表现为害怕去学校，即使到校上课也难以集中注意力，缺乏主动思考的能力，听不懂课程，无法完成作业。如果孩子渴望取得好成绩，这种矛盾心理将引发焦虑。随着时间推移，焦虑会加剧，孩子更加害怕或逃避上学，最终变得消沉，无法踏入校园。来访者的孩子在转学后的一个月内就开始表现出这些问题，最终导致休学一年。

其次，来访者提到孩子在原学校的状态良好，虽然学校名气不大，但孩子能够轻松应对，听课专心，成绩优秀。然而，转学后，在新的学习环境中，孩子的学习能力受到了限制，如记忆力下降、注意力不集中等。加上在新学校的人际关系不佳，严重影响了她的生活、学习和情绪。例如，上课时不愿发言，课间不愿活动，喜欢独自一人，远离集体。

➢ **休学一年，复学困难**

对于孩子而言，学校如同一座难以逾越的大山，缺乏勇气和力量去克服，复学变得极其困难。休学后孩子难以复学的原因主要包括以下几方面。

心理适应难题：休学期间，孩子可能已经习惯了较为自由的生活方式，甚至变得非常散漫。突然回归紧张的学习环境和固定的生活节奏，心理上难以适应，会感到极大的压力和焦虑，从而陷入逃避的循环，阻碍复学进程。

社交问题再现：休学一年后，孩子再次进入初一，周围的同学变得陌生。由于之前在适应学校和同学关系上存在困难，孩子容易重蹈覆辙，产生抵触心理，变得孤立无援。这不仅使其在复学后难以融入集体，还会增加心理负担，导致复学失败。

家庭支持不足：家庭是孩子成长的重要支柱。然而，来访者在孩子休学期间并未提供足够的支持。家长不清楚自己在孩子休学期间应扮演何种角色，只是满足孩子的各种需求。结果，家长未能对孩子进行必要的引导，孩子复学前缺乏必要的心理准备，导致休学一年后，孩子的状况非但没有好转，反而恶化。这一年里，孩子没有成长，适应能力没有提升，最终无法顺利复学。

➢ **孩子缺乏挫折教育**

心理咨询师发现，无论是来访者还是孩子，在休学前的生活都较为顺利，没有遭遇重大挫折。因此，来访者没有应对挫折的经验，也未培养孩子的抗挫折能力。孩子虽有足够的安全感和爱，但缺乏应对困难的方法和心态，导致无法有效调整和应对，最终选择休学。孩子成长过程过于顺利，缺乏挫折教育可能会带来以下负面影响。

1．心理承受能力差。若孩子从小未曾经历挫折，面对生活中的困难和挑战时可能显得极其脆弱。这些过度反应如果没有得到及时处理，可能会因小挫折而遭受大打击，缺乏缓冲机制。

2．缺乏适应能力。未经挫折历练的孩子适应能力较弱，难以应对环境的变化，面对生活和学习中的不确定性时会感到无助，难以应对。

3. 缺乏责任感和独立性。孩子在家中受到过多保护，作为学生，留在学校学习的机会减少，可能导致责任感缺失，缺乏基本的责任和规则意识。孩子作为学生，即使遇到问题也不应轻易放弃上学。

五、咨询建议

1. 尽管孩子在家休学一年，但幸运的是，她没有表现出抑郁症状，精神状态相对较好。家长应适时引导孩子回归有规律的教育环境。首先，家长需深入探究孩子对上学产生恐惧的根本原因，帮助其缓解内心的焦虑情绪。通过多方面的培养，增强孩子的自信心，使其认识到自身的优势和能力。设置小目标，逐步实现，积累成功经验，从而不断改善心态，学会积极适应变化，接受现实。

2. 父母也应接受家庭治疗。心理咨询师观察到，母亲内心的力量相对薄弱，难以胜任孩子成长过程中的引导者角色。家长不仅是孩子的引导者和领路人，还需在心理上给予支持，提供正确有效的教育方法。给予孩子自由并非放任不管，而是在合理范围内进行适度管教。家长应看到孩子在挫折中成长的价值，而不仅仅是担忧。除了给予孩子足够的爱、关注和关怀，还应设定合理的期望，帮助孩子树立短期和长期目标。通过这些方法，帮助孩子形成持续的内在动力，认识学习的价值和作为学生的责任。

3. 为帮助孩子更好地适应正常的学习生活节奏，应建立规律的作息时间，确保孩子每天按时起床和睡觉。这有助于孩子逐步适应正常的学习生活节奏，并在日常生活中养成良好的时间管理习惯。

4. 加强家庭沟通至关重要。家长应主动倾听孩子的想法和感受，给予情感上的支持和理解，让孩子感受到家庭的温暖和关爱。这能增强家庭成员间的亲密关系，使孩子在家庭中找到归属感。

5．鼓励孩子参加各种社交活动，培养良好的人际交往能力，逐步融入新环境，结交新朋友，增强社交自信心和适应能力。通过这些活动，孩子可以更好地适应社会，提高社交技能。

6．增强孩子的自信心也很关键。家长应鼓励孩子在遇到学习困难时要勇敢面对，逐步克服学习障碍。通过设定合理的目标和给予积极的反馈，帮助孩子建立成功的体验，从而增强自信心。

7．培养孩子的抗挫能力。通过适当的方式让孩子体验挫折，学会应对和解决问题，引导他们从失败中吸取教训，培养坚韧不拔的精神。这样，孩子在面对困难时能更加坚强和自信。

8．加强家庭陪伴，家长要积极参与孩子的学习和生活，并提供必要的指导和帮助。通过共同参与活动和讨论，增进亲子互动和理解，营造和谐的家庭氛围。

9．鼓励孩子参加户外活动，锻炼身体，缓解压力，提高心理承受能力。通过运动及与自然环境的接触，增强孩子的身心健康，使他们在面对挑战时更加从容。

10．与学校保持密切联系，了解孩子在校表现，与老师合作，共同帮助孩子适应新环境。通过家校合作，为孩子创造良好的学习和成长环境，使其在学校中获得更好的支持和帮助。

11．避免过度保护，让孩子学会独立承担责任，培养责任感和独立性。通过适当放手，让孩子在实践中学习和成长，更好地迎接未来的挑战。

12．关注孩子的心理健康，如有需要，应及时寻求专业心理辅导。通过专业的指导和支持，帮助孩子解决心理问题，促进其全面发展，使其健康快乐地成长。

案例五：被心理咨询师“遗弃”的大学生

一、基本信息

来访者：孩子父亲。

孩子信息：男孩，大学生。

诉求：帮助被心理咨询师“遗弃”的孩子。

基本情况：孩子在高二时辍学，曾考虑出国但后来反悔，在家躺平两年。在家期间，家人给孩子请了一名心理咨询师，进行定期的“陪聊”。两年后，孩子重新进入高二复读，之后顺利考入大学。然而，不知何故，心理咨询师突然停止了咨询，导致孩子无法正常进行大学学业，自己搬出宿舍。父亲得知情况后，到大学陪读。目前，孩子除了出现躯体反应外，还表现出无故大喊大叫、一个月不洗澡等情况。

二、案例描述

孩子被发现存在心理问题后，主要通过与咨询师的沟通来治疗心理疾病。然而，对于孩子具体表现出的症状，以及在咨询过程中探讨的具体心理问题，来访者一无所知。来访者遵循一种所谓的“不干涉”教育理念，没有积极参与孩子的心理治疗过程，只是为孩子安排了一位咨询师。

此外，来访者在与心理咨询师的交流中提到，咨询师每天都会安排时间与孩子进行咨询。然而，从专业的心理咨询设置来看，通常情况下，咨询的频率一般是一周一次或一周两次，很少有每天进行咨询的情况。来访者对于本地咨询师的具体情况和治疗方法几乎无法提供任何有价值的信息。现在，咨询师突然停止了对孩子的咨询治疗，导致孩子的精神状况出现了严重问题，时而情绪失控以至于大喊大叫。来访者面对这种情况感到束手无策，这也是他们寻求其他心理咨询师帮助的主要原因。

三、咨询节选

心理咨询师：请您简要地说一下您孩子的情况。

来访者：我家有两个孩子，都是男孩。主要咨询的是老大的问题，他上高一的时候，突然不想上学了，在家里待了两年，后来又回到学校继续学习。去年考上大学，现在读大一。但他一直情绪不太好，最近比较严重。期末考试没有参加，现在面临休学、留级或退学的问题。

心理咨询师：您的诉求是什么？

来访者：主要是想知道如何面对和处理孩子的这些情绪问题，作为家长应该如何与孩子进行沟通。

心理咨询师：我想问一下，孩子高二休学在家里待了两年，后来是怎么去上学的，还考上了大学？

来访者：休学期间陆陆续续找了很多心理咨询师，帮助他恢复心理健康。

心理咨询师：那你们为什么不再找之前的咨询师呢？

来访者：可能是孩子和咨询师之间发生了沟通上的问题，咨询师不愿再给他做咨询了。

心理咨询师：咨询师是孩子自己找的，还是你们帮他找的？

来访者：是我们帮他找的。

心理咨询师：您跟孩子的关系怎么样？

来访者：怎么说呢？我们之间没有发生过什么冲突和矛盾，我没有打骂过他。但是沟通并不顺畅。我们也意识到我们的教育方式肯定有问题，但不知道具体在哪出了问题，也不知道该如何应对，如何与孩子沟通。

心理咨询师：高二的时候辍学的原因是什么？

来访者：不知道，突然就不想上学了。高二刚开学没几天，老师就让我们接他回家。

心理咨询师：老师让你们接回来，没有说明原因吗？

来访者：就是孩子在学校状态不好，不愿意待在学校，想回家。

心理咨询师：状态不好，具体有哪些表现？

来访者：没有什么具体的表现。

心理咨询师：然后您就接回来了？之后也没有问过原因吗？孩子后来打算出国读书，是谁的建议？

来访者：没有问过不想上学的原因。出国读书是孩子自己提出来的，结果手续都办完了，雅思也考过了，他又不去了。

心理咨询师：您不了解他辍学的原因，也不清楚他最终不愿出国的原因？

来访者：是这样。

四、案例分析

➢ 家庭的无效教养

来访者告诉心理咨询师，他的孩子目前处于休学状态，寻求心理咨询的目的是希望获得有效的沟通方法，因为现在不知道如何与孩子沟通。然而，在心理咨询师与来访者沟通的过程中发现，孩子的问题并不仅仅是沟通问题。无法沟通是结果，而非原因。心理咨询师发现，来访者在孩子的成长过程中几乎扮演了旁观者的角色，不清楚家长在家庭教育中应承担的角色、教育的意义，以及具体的教育方法。当心理咨询师询问孩子为何休学时，来访者表示不清楚。孩子原本想去国外上学，也考了雅思，但最终又改变了主意，来访者同样不知原因。心理咨询师发现，孩子出现严重心理问题并反复休学，这本应是来访者最需要关心的问题，却被一带而过，反而聚焦在所谓的“无法沟通”上，这本身就是一个问题。心理咨询师最终认定，孩子出现各种问题的根本原因是家长在孩子成长过程中完全失位，没有尽到父母的责任，几乎是无效教养。

首先，来访者的家庭教育缺乏最基本的规则意识，导致孩子行为上的混乱和无序。通常情况下，当父母制定规则时，如果出发点只是为了自己的方便，而不是基于孩子行为的性质来划定规则的边界，这种随意的规则可能会让孩子感到困惑，不清楚自己的行为边界在哪里，变得规则混乱。来访者对待孩子的教育方法是所谓的“不去逼孩子，让他主宰自己的人生，过自己的日子”，结果走向了另一个极端，完全没有规则意识，没有边界。孩子想怎样就怎样，所谓的“主宰人生”变成了“躺平人生”。即使让孩子自己主宰人生，负责任的家长也会对孩子的行为可能产生的后果做出基本的预判。家长有自己的判断，即使不逼孩子，也会给孩子合理的指引和指导，而不是放任自流，最终导致极端情况的发生。毕竟，孩子的认知和人生经验完全不足以自行掌控一切。

其次，缺乏有效教养，孩子的个性发展也会出现很大问题。来访者反映，孩子在反复休学的过程中，出现了严重的精神问题和明显的人格障碍，如几个月不理发、不洗澡，控制不住情绪，经常大喊大叫，处于极端情绪状态。来访者的教育模式表面上是放手，实际上是忽视和溺爱的混合体，精神上忽视，行为上无边界。结果，孩子的情绪和心理健康没有得到足够重视，完全处于自我消化的状况，但很多时候孩子没有消化的能力，持续积压，最终出现精神问题。而且，孩子的行为没有得到引导，会让孩子陷入无助和混乱状态。

➢ **不匹配的心理咨询师**

根据与来访者的深入交流，心理咨询师判断来访者之前为孩子寻找的心理咨询师不匹配且不专业，无法处理孩子的问题（最终放弃继续给孩子咨询），导致孩子一直没有得到有效的治疗和干预，反而问题加重。每位心理咨询师因其专业训练和自身条件的限制，如年龄、经验和性别，擅长处理的咨询内容有所不同，可能出现与来访者的咨询诉求不匹配的情况。如果咨询方向不匹配，无法找到患者的根本问题，而只是处理表面问题，那么就只能达到“陪聊”的效果。例如，心理咨询师可能擅长处理职场的压力或情绪问题，如果遇到校园生活问题，就无法提供有效帮助，可能导致咨询效果不佳，甚至让患者感到不适，最终导致情绪无法真正处理，问题变得更加严重。来访者所找的咨询师没有有效解决问题的办法，最终放弃了咨询。

五、咨询建议

1．来访者需要为孩子找到一个更加匹配的心理咨询师。心理咨询师与孩子不匹配会导致效果不佳，甚至造成二次伤害。因此，寻找匹配的心理咨询师对于确保咨询效果至关重要。

2．建立积极的沟通渠道。与孩子保持开放、诚实的对话，倾听他们的想法和感受。鼓励他们表达自己的观点，并尊重他们的意见。

3．树立榜样。父母的行为对孩子有着深远的影响。通过自身的言行举止，为孩子树立积极、正面的榜样，让他们学会如何做人、如何处世。

4．设定合理的期望。根据孩子的兴趣和能力，为他们设定合理的目标和期望。避免过高的期望给孩子带来过大的压力，同时也要鼓励他们挑战自我，不断进步。

5．培养独立性和责任感。鼓励孩子参与家务劳动、制订学习计划等，以培养他们的独立性和责任感。让他们学会承担责任，对自己的行为负责。

6．关注孩子的情感需求。除了学业成绩外，还要关注孩子的情感需求。给予他们足够的关爱和支持，帮助他们建立健康的情感表达和应对机制。

7．鼓励探索和尝试。鼓励孩子尝试新事物，培养他们的好奇心和探索精神。为他们提供丰富的资源和机会，让他们在实践中学习和成长。

8．建立奖惩机制。合理的奖惩机制可以激励孩子积极向上。当孩子取得进步或表现良好时，给予适当的奖励；当他们犯错或表现不佳时，进行适当的惩罚并引导他们改正错误。

案例六：懂事的孩子很焦虑

一、基本信息

来访者：孩子母亲。

孩子信息：男孩，17 岁，高中生。

诉求：希望心理咨询师能帮助孩子克服焦虑情绪，减轻躯体症状，恢复正常的学习生活。

基本情况：来访者在读高一的儿子最近频繁出现头痛的症状，尤其是在长时间学习后更为明显。尽管带孩子去医院进行过全面的身体检查，但未发现任何器质性病变。来访者推测孩子的头痛可能是学习压力过大所致，因此特意向心理咨询师求助，希望能找到有效的解决方法。

二、案例描述

孩子在初中时期学习成绩优异，性格成熟懂事，从未让家长操心。以班级前十的成绩考入重点高中的重点班。然而，近期孩子的成绩下滑至第三十多名，这对孩子造成了较大的心理冲击。孩子感到很困惑，因为看到有些同学似乎并未付出太多努力，甚至有的还在课堂上睡觉，成绩却超过自己。这种对比使孩子产生了自我怀疑，逐渐变得焦虑不安，甚至出现身体不适的症状。

三、咨询节选

来访者：孩子现在高一，最近频繁抱怨头痛，精神状态不佳，无法专心听讲，我担心他的这些症状背后有更深层次的原因。虽然害怕给孩子贴上‘生病’的标签，增加他的心理负担，但我认为他目前的症状已经相当严重，每周至少要请假两到三次回家休息。作为家长，我现在感到非常困惑，不知道孩子究竟遇到了什么问题，也不知该如何与他沟通，怎样才能帮助他克服这些问题，确保他能够顺利地度过高中三年，保持正常的学习状态。

心理咨询师：孩子在初中的表现如何？

来访者：在初中时，孩子就读于市重点中学，与同学和老师相处融洽，与熟悉的朋友关系密切，性格上属于慢热型，对于不熟悉的人不太主动交流，但一旦熟络起来则非常开朗，乐于助人，喜欢与同学互动。

心理咨询师：孩子与父母的交流情况如何？

来访者：我认为还算正常。

心理咨询师：你们是否曾与孩子讨论过未来发展的话题，比如未来的大学选择、专业方向以及职业规划等。

来访者：他还没有具体的目标。

心理咨询师：孩子升入高中后，与初中相比，学习成绩有何变化？

来访者：进入高中后，孩子的成绩有所下滑。初中时，他的成绩在班级排名靠前，而升入省重点高中后，面对更多优秀的同学，他的排名不再那么突出。他告诉我，有些同学即使在课堂上睡觉，成绩也能超过他，这让他焦躁不安，心理失衡。

心理咨询师：孩子在学校有没有亲密朋友？

来访者：有的，我知道他有几个好朋友。

心理咨询师：这些友谊关系稳定吗？

来访者：是的，非常稳定。

心理咨询师：孩子平时有哪些兴趣爱好？

来访者：他喜欢与朋友一起去 KTV 唱歌，自己创作歌曲，喜欢说唱，还热爱打羽毛球。假期里，他经常会约朋友外出活动。

心理咨询师：孩子自己表达过想要得到帮助的愿望吗？

来访者：当孩子感到不适时，他曾表示希望去医院检查，担心自己的头痛是因为脑部疾病，对此非常担心。他要求我带他去医院进行脑部 CT 检查。

四、案例分析

➢ 聪明懂事的孩子为何深陷焦虑

来访者的判断是准确的。孩子的确面临着较为严重的学习焦虑，这种焦虑与以下几个因素密切相关。

1．新环境的竞争压力。孩子带着信心满满的状态进入了高中学习，以初中班级第一名的成绩进入高中。然而，由于尚未完全适应新的学习节奏和环境，他在面对高中激烈的竞争时未能做好充分准备。成绩排名的急剧下滑不仅令他失去了原有的竞争优势，还给他带来了巨大的心理压力，进而引发了焦虑情绪，甚至出现了躯体症状。

2．学业挫败感与内疚。在父母眼中，孩子一直是一个完美、优秀的孩子。家庭对他的期望虽未直接表露出来，但长期形成的正面评价实际上给孩子带来了一种无形的压力——自己必须保持优秀。然而，随着成绩的下滑，孩子开始感到内疚，认为自己辜负了家长的期望。这种内疚感进一步加重了他的焦虑情绪。

3．成长经历过于顺利。孩子过去的学习生涯一帆风顺，这使得他面对突如其来的挫败毫无防备。他开始担心自己无法达到既定目标，害怕再次遭遇失败。这种恐惧不仅影响了他的学习效率，还导致他对自己的能力产生了怀疑，形成了过度自我苛责的心态，从而加剧了焦虑情绪。

➢ **躯体化的自我心理保护**

在与来访者的交流中，心理咨询师了解到，孩子在学校出现头痛等身体不适的症状，并主动要求家长带他去医院检查。孩子倾向于将学习困境归咎于身体原因，而不愿承认可能是心理状态需要调整。孩子喜欢音乐创作，这类孩子的感情丰富，如果情绪得不到及时疏导，往往会通过躯体症状来缓解心理压力，这是一种自我保护机制。在潜意识层面，持续的躯体化反应成为了孩子逃避现实压力的一种手段。

➢ **父母爱孩子，但不懂孩子成长的规律**

尽管父母对孩子的爱是显而易见的，但在孩子成长过程中，他们可能未能完全理解孩子的心理需求和成长规律，这在一定程度上加剧了孩子的焦虑情绪。因此，不懂孩子成长的规律也是造成孩子目前状况的重要原因。

1．沟通方式落后。随着孩子年龄的增长，传统的说教式沟通方式已不再有效。家长应尝试采用更加开放和支持性的沟通策略，以便更好地理解和回应孩子的真实需求。

2．情感发展的阻碍。情感表达和情绪管理是孩子成长过程中的重要环节。如果家长忽略了这一点，可能会导致孩子在情感表达和情绪调节方面存在困难。

3．自信心的缺失。父母的期望值若与孩子的实际情况不符，无论是过高还是过低，都可能损害孩子的自信心。家长应根据孩子的实际情况给予适当的支持，帮助他们建立合理的自我认知。

4．心理健康问题的早期识别。孩子的心理健康问题并非一夜之间形成，而是长期积累的结果。家长应及时关注孩子的心理变化，必要时寻求专业帮助。

五、咨询建议

1．心理咨询与家庭治疗。建议孩子接受心理咨询，以帮助其处理内心的焦虑情绪，并探索情绪的根源。同时，家庭成员也应参与家庭治疗，学习如何更好地与孩子沟通，理解青少年的心理特点。

2．调整对成功的看法。在社会普遍将成功等同于学业成就的背景下，家庭应引导孩子从更宽广的角度看待学业和个人价值，帮助他们树立正确的价值观。

3．观察孩子的日常表现。注意孩子是否仍频繁出现头痛等症状，这可能是健康问题的信号，也可能是心理压力的表现。

4．加强沟通与理解。与孩子进行深入对话，了解他们的压力源及面临的挑战，通过倾听和理解提供必要的支持。

5．鼓励情绪表达。教会孩子如何健康地管理情绪，避免情绪压抑，这有助于提高他们应对生活挑战的能力。

6．全面的身体检查。若孩子出现身体不适，建议进行全面的体检，排除器质性疾病的可能性。

7．寻求专业帮助。如果身体检查结果正常，但孩子仍表现出明显的心理行为问题，应考虑寻求心理咨询师的专业指导。

8．制订合理的学习计划。与孩子共同制订科学的学习计划，平衡学习与休闲时间，确保孩子的生活质量。

9．促进社交发展。鼓励孩子积极参与社交活动，建立良好的人际关系，这有助于提升他们的自信心和社会适应能力。

10．保持家长情绪的稳定性。家长应保持积极乐观的态度，避免将自身的焦虑传递给孩子，营造一个温馨和谐的家庭氛围。

案例七：妈妈你离婚了，我才能快乐

一、基本信息

来访者：孩子母亲。

孩子信息：女孩，17 岁，大学生。

诉求：希望能帮助 17 岁的女儿能够克服负面情绪，并改善与父亲的关系。

基本情况：孩子在初中和高中时期的学习和生活都很顺利，但在升入大学后，却出现了抑郁症状。母亲不清楚导致孩子抑郁的具体原因，对此十分担忧。此外，孩子经常指责父亲过去的不当行为，甚至抱有让父母离婚的想法。

二、案例描述

孩子从小就比同龄人提前入学，并且曾经跳级，被誉为“别人家的孩子”“学霸”。尽管初中和高中生活相对平稳，但进入大学后，她的状态急剧恶化，难以适应大学生活，感到不快乐。本应充满活力的大学时光并未激发她的热情，反而在入学一年后，她出现了心理问题。据母亲透露，孩子已被确诊为轻度抑郁，目前无需药物治疗。然而，母亲对于孩子为何会抑郁仍一无所知，不清楚孩子在校的生活与心理状态，也不明白孩子是否遭遇了某些困难。孩子不愿与母亲深入沟通，家长只能通过电话感受到她并不快乐。母亲曾试图前往孩子学校探望，但很快被孩子劝返。直至今日，母亲仍未弄清孩子抑郁的真正原因，这让她深感忧虑。

三、咨询节选

心理咨询师：您好，家长，请先简单介绍一下孩子目前的情况。

来访者：您好，我是孩子的母亲。孩子正在东北的一所大学读大一，最近被诊断患有焦虑症和抑郁症。放暑假后，孩子没有回家，也不让我去看她。我对她的现状非常担心，但她不愿意与我分享任何信息。有时，她会提到小时候的事情，特别是对父亲的不满，认为父亲不爱她。比如，她记得父亲曾将她的玩具送给叔叔家的孩子，而未征得她的同意。另外，父亲对她的学习要求很高，尤其是在数学方面，经常因做错题目而批评甚至体罚她。虽然父亲事后会道歉，但我认为这对孩子的心理产生了负面影响。

心理咨询师：父亲平时是否显得特别严厉？

来访者：确实如此，从小学起，父亲就对孩子的作业质量要求极高，一旦发现错误就会撕掉。父亲从事工程类工作，性格较为急躁。特别是在孩子数学成绩不佳时，父亲会表现出极大的不满，有时甚至会动手。那段时间，由于工作繁忙，我未能给予孩子足够的关注，这可能加剧了孩子的负面感受。

心理咨询师：父亲的管教对孩子有怎样的影响？

来访者：我认为这对孩子的心理健康造成了伤害。从初中到高中，孩子一直在私立学校寄宿，很少与我们分享内心的想法。初三时，我发现她有自伤的行为，当时她解释说是因为学习压力大，周围的同学也有类似的行为。进入高中后，这种状况似乎有所缓解，但孩子依然不愿意与我们沟通。

心理咨询师：我大致了解了情况，您希望通过咨询达到什么目的？

来访者：我希望老师能指导我们如何更好地与孩子沟通，毕竟我们都很爱她。自从得知她患病以来，她父亲已经意识到自己的错误并向她道歉，但这对孩子的伤害已经存在了很长时间。我感到非常内疚，因为我忙于工作，忽视了孩子的感受。

心理咨询师：您家是独生子女家庭吗？

来访者：是的，我们只有一个孩子。

心理咨询师：从高中到大学，孩子进入了一个全新的阶段。作为父母，是否了解过孩子在大学期间遇到了哪些挑战？

来访者：她提到在过去的一年里经历了很多困难，却不肯详细说明。此外，她还问过我如何拯救一棵枯萎的小树，这是不是反映了她内心的困惑或是一种求救信号？

心理咨询师：孩子目前处于抑郁和焦虑的状态，焦虑源于对未来的不确定感，而抑郁则与过往的经历有关。作为一个情感细腻、感知力强的孩子，当面临压力时，她容易回忆起童年时期父亲的不当行为。值得注意的是，孩子正在通过学习易经等传统知识来自我探索解决之道，这是她积极面对困境的表现。然而，她目前还无法完全处理好这些问题。

来访者：确实，她总是提到我和她父亲在年轻时的一次争吵，质疑我为何仍然与她父亲维持婚姻关系。她甚至建议我们离婚，但我告诉她，我们的关系并非她想象中那么糟糕。

心理咨询师：父母是孩子的镜子，可以看出父亲对孩子的严格背后蕴含着深沉的爱。只是，孩子尚未体会到这份爱。您提到孩子不愿接受心理咨询，认为自己的问题是父亲造成的。这表明她仍在努力理解自身的情绪，并寻找合适的应对方式。

四、案例分析

根据来访者对孩子情况的描述，心理咨询师分析认为，孩子当前的困扰主要与以下几个方面密切相关。

首先，孩子的现状与适应障碍紧密相关。适应障碍是指个体在面对显著的生活变化或环境转换（如从中学生转变为大学生）时，出现短暂且轻微的情绪紊乱和行为异常的情况。据了解，孩子目前并未选择住校，而是独自在外租房居住，仅在上课时前往学校，大部分时间独来独往。这表明孩子排斥大学的集体生活，难以融入新环境，导致人际关系出现问题。

其次，长期以来的“学霸”身份使孩子在新环境中感到不适。心理咨询师从母亲处得知，孩子自幼成绩优异，顺利考入理想大学。然而，面对众多同样优秀的同龄人，她原有的优越感受到冲击，心理落差较大。若未能妥善处理这一转变，这种失落感可能进一步影响她的人际交往能力，这会导致她在与优秀同伴相处时感到不安，产生强烈的挫败感。

再次，孩子在大学生活中缺乏明确的目标，感到空虚迷茫。相较于中学阶段，大学不仅是学术生涯的新起点，更是个人成长的关键时期。此阶段，对于未来的职业规划和个人定位有着更高的要求。然而，家庭在这方面给予的支持和指导明显不足，孩子对大学生活的认识和准备不够充分。大学生活不仅要求学生具备较高的自理能力，还需培养独立思考的能力，包括准确评估自我价值、设定合理的个人目标等。显然，孩子没有这方面的意识，固有的思维逻辑尚未改变，从而引发了情绪问题，陷入抑郁状态。

最后，孩子与父亲的关系紧张也是造成其心理困扰的重要因素之一。孩子时常向母亲控诉父亲过去过于严格的管教，包括因考试成绩不佳而遭受责骂、体罚等经历。尤其在初一时，因私自去酒吧，遭到父亲的严厉惩罚，从而导致自残行为的发生。进入大学后，孩子拒绝与父亲交流，近期对父亲的反感情绪尤为明显，将自身的不快归咎于父亲过去的不当行为。值得注意的是，孩子对父母离婚的提议并非基于家庭关系的实际状况，而是将其视为一种对父亲的惩罚手段。研究表明，长期处于高压环境下，孩子容易产生过度的压力和焦虑，进而形成自我否定、情绪障碍等问题。过于严苛的管教方式不仅抑制了孩子的情感表达，还削弱了其人际交往能力，使其在社交中显得僵硬，难以建立良好的人际关系。

五、咨询建议

1．增强适应能力。鼓励孩子勇敢面对挑战，学会识别并接受当前面临的困境。在新环境中保持平和的心态，认识到适应变化是学生必经的成长历程，由家庭生活逐步过渡到独立生活，学会处理日常生活事务，培养自立能力。

2．改善父女关系。建议父亲主动与孩子沟通，打破现有的沟通壁垒。尽管父亲坚信孩子取得的成绩归功于其严格的教育方式，但孩子的负面反馈反映出这种做法的弊端。父亲需学会从严苛的教育模式转向情感共鸣，关注孩子的内心世界，倾听其真实想法。唯有父亲做出改变，才能有效缓解孩子的心理创伤，促进家庭关系的和谐发展。

3．开展心理咨询。推荐孩子接受专业的心理辅导，以缓解深层的焦虑情绪及与父亲相关的创伤记忆。通过宣泄情感、转移注意力、调整认知、正面激励等方式改善心理状态。同时，协助孩子重建自信，学会客观公正地评价自己，认识到个体间存在差异属于正常现象，既不贬低自己也不盲目崇拜他人，最终重拾信心，积极融入丰富多彩的大学生活。

案例八：孩子不和我说话了

一、基本信息

来访者：孩子母亲。

孩子信息：男孩，16 岁，高中生。

诉求：帮助孩子摆脱焦虑情绪，希望孩子更加积极向上。

基本情况：孩子从小由母亲照顾长大，然而母子间存在沟通障碍，导致母亲感到十分委屈和无助。近期孩子表现出明显的心理行为问题，母亲十分焦虑，希望能找到与孩子对话的方法，更深入地了解孩子的内心世界。

二、案例描述

来访者的孩子目前读高一。孩子在学校体育活动时不慎腰部受伤，经一段时间治疗已并无大碍。然而，返校后孩子时常情绪低落，频繁哭泣，表现出心理状态不稳定的症状。孩子的学习状态也有所下滑，并时常与同学发生争执。学校老师观察到这一情况后，建议家长带孩子寻求心理医生的帮助。

三、咨询节选

心理咨询师：您好，家长！

来访者：您好，老师，我想简要说明一下我的困扰。我的孩子今年 16 岁，是一名高一的男生。因为一次小小的意外，可能让他出现了一些心理问题。

心理咨询师：可以具体讲讲那次意外吗？

来访者：在一次体育课的跑步过程中，孩子不小心摔倒了，腰部受了点伤。经过一段时间的恢复后，检查确认没有问题，但在返回学校的当天，他在课堂上连续哭了四节课，表示感到心情沉重和身体不适。自此之后，孩子的情绪一直不稳定，每周都会因心理不适而缺课，他会抱怨全身疼痛，但并未说出确切的原因。此外，孩子对我抱有反感的态度。

心理咨询师：孩子性格上是偏外向还是内向？

来访者：孩子性格较为内向，面对陌生人几乎不主动交流。

心理咨询师：他与同学的关系如何？

来访者：孩子是在另一个城市上的初中。由于环境的变化，他与同学之间的关系不是特别融洽。

心理咨询师：与初中相比，他的学习成绩有何变化？

来访者：孩子初中就读于一所私立学校，现在转到公立高中。虽然他在班里的成绩尚可，但与初中时期相比排名有所下滑，而且对考试表现出极大的恐惧。

心理咨询师：他与您的交流频繁吗？

来访者：实际上，我和他的交流并不多，他更愿意和他的父亲交谈。他对我表现得比较排斥。

心理咨询师：能否谈谈他为何会有这样的反应？

来访者：孩子从小到大都是由我照料的，我对他的管理相对严格，常常指出他的不足之处，这可能让他产生了反感。再加上我个性比较粗犷，不够细腻，所做的努力似乎未能真正触动他的心。

心理咨询师：您通常是如何管理他的？

来访者：我对他的学习没有太高的要求，也从未因考试成绩不佳而苛责过他。我更多关注的是他的日常生活习惯，如个人卫生等。

心理咨询师：既然如此，为什么孩子仍然对您抱有负面态度？

来访者：这可能是因为我未能充分理解他的感受，总是忙于工作和家务，没有给予他足够的关注和支持。

心理咨询师：您的诉求是什么？

来访者：我希望孩子能够敞开心扉，与我们分享他的想法，变得更加乐观开朗。高中生活已经很艰难，我不希望他再承受过多的压力和焦虑。

心理咨询师：你们的家庭氛围如何？

来访者：我们家庭氛围总体上还算和谐。自孩子上学起，我和丈夫几乎不看电视，而是陪伴孩子完成作业。孩子需要帮助时，我们总是尽力提供支持。

心理咨询师：我理解了，可以看出您和您的家人非常重视孩子的成长，为他付出了很多心血。接下来我们可以一起探讨一些改善和缓解孩子焦虑情绪的具体方法。

四、案例分析

➢ 妈妈为什么走不到孩子心里去？

孩子从小到大，生活中的大小事务大多由妈妈照料。理论上，这样的亲密接触应使得母子关系更加紧密。然而，实际情况却是孩子不愿与妈妈沟通，甚至对与妈妈的交流表现出反感或厌恶。根据心理咨询师的分析，这种情况的主要原因有以下几点。

1．家长对青春期孩子的身心变化缺乏充分认识。进入青春期后，孩子在身体和心理上都会经历显著的变化。妈妈的性格比较直接，说话不经考虑，这种沟通方式在孩子小时候或许有效，但随着孩子年龄的增长，自我意识逐渐增强，孩子开始更加重视自我价值和存在感。这时，如果家长仍然采用以往的沟通方式，可能会引起孩子的抵触。尤其是当孩子已经具备较强的自尊心时，对外界的评价和态度极为敏感。妈妈与孩子沟通时未能充分考虑到这些变化，导致两人之间的矛盾增加。相比之下，爸爸在沟通时更加注重方式和方法，因此更容易得到孩子的认同。

2．来访者的精神压力大，导致过度掌控。妈妈在日常生活中承受着巨大的压力，这种焦虑不仅来源于工作，还有家庭管理和孩子的教育。焦虑情绪容易被无意识地转移到孩子身上，表现为对孩子的过度管理和担忧，进一步加剧了孩子的心理负担。长期处于高压状态下的妈妈，为了维持家庭秩序和个人安全感，往往会采取控制手段来应对不确定性。然而，这种做法恰恰与青春期孩子追求独立和自主的需求相悖，导致孩子选择疏远妈妈，以保护自己不受伤害。

➢ **孩子害怕考试的原因**

1．自尊心强。自尊心强的孩子对外界评价极其敏感，一次考试失利就可能对其造成重大打击。在家庭和社会的高度期望下，孩子面临着巨大的心理压力，任何一次考试的失败都可能导致严重的自我怀疑和心理不适。

2．自我期望过高。孩子内心深处抱有强烈的成就动机，这种动机可能源于家庭对孩子的期望。从上学第一天起，父母就全身心投入孩子的学习，创造了良好的学习环境。这种环境下，孩子无形中背负了成为“学业成功者”的使命。然而，现实并不总是如愿，当实际表现与理想状态出现偏差时，孩子难以接受，进而产生考试恐惧。

五、咨询建议

1．调整教育方式和方法。家长需认识到自身对孩子期望与孩子实际能力之间的差距，适当降低期望值，更多地关注孩子的情感需求而非仅仅关注成绩。同时，学习有效的沟通技巧，学会倾听孩子的想法，理解其内心世界。

2．寻求专业帮助。当家庭内部沟通障碍严重干扰到孩子的心理健康时，应及时寻求专业心理咨询师的支持。孩子也需要通过专业的心理辅导来缓解焦虑，克服考试恐惧。

3．深入了解青春期孩子的特点。家长应努力理解青少年在生理和心理上的变化，调整与孩子的互动方式，展现更多的耐心和理解。

4．减轻焦虑情绪。家长要学会管理自己的情绪，避免将焦虑传递给孩子，营造一个温馨和谐的家庭氛围。

5．尊重孩子的独立性。给予孩子适当的自由度，支持其自主决策，促进其个人成长和发展。

6．帮助孩子建立正确的自我认知。鼓励孩子正视考试的成败，将其视为学习过程的一部分，而不是衡量自我价值的唯一标准。

7．共同面对挑战。作为家长，应当成为孩子坚强的后盾，与孩子一同面对困难，提供必要的帮助和鼓励，助力孩子健康成长。

案例九：15 岁女孩的孤独

一、基本信息

来访者：孩子父亲。

孩子信息：女孩，15 岁，初中生。

诉求：帮助孩子回到学校，接受并融入班级的集体生活。

基本情况：来访者的女儿休学一年后复学不久，再次出现不愿上学的情况。

二、案例描述

来访者的女儿在休学一年后重返校园，但不久之后再次表现出厌学情绪，不愿意去学校。来访者的诉求是帮助孩子克服心理障碍，回归学校，接受并融入班级的集体生活。

三、咨询节选

来访者：我们家的孩子是个女孩，今年 15 岁，去年曾被诊断患有抑郁症。我也参加过一些心理健康课程，并尝试根据所学调整她的状态，当时的效果还不错，并且去年底让她复学。然而，从今年三四月份开始，她又表现出厌学情绪，拒绝上学。孩子非常敏感，容易误解周围同学的话语，总感觉别人在背后说她坏话，认为自己遭受言语欺凌。她告诉我，上课时注意力难以集中，对老师的提问也无法回答，这让她觉得同学们会嘲笑她，私底下贬低她。这种感觉让她认为自己在这个班集体中不被重视，从而害怕上学。随着期末考试的临近，她更加不愿上学了。

心理咨询师：您提到孩子在去年休学期间接受过诊断，请问是在哪里进行的诊断？诊断结果如何？

来访者：在医院做的诊断，结果显示她患有中度抑郁症，伴有躯体症状。

心理咨询师：确诊后采用了什么治疗方式？

来访者：孩子服用了大约一两个月的西药，考虑到可能会有副作用，后续转而采用中药和针灸等方式进行调理。同时，我也听取了一些专家的建议，努力改善与孩子的亲子关系，情况逐渐好转。

心理咨询师：您是独自听这些课程，还是和孩子一起听？

来访者：是我妻子去听的。我和孩子的亲子关系还算不错，主要问题是她们母女之间的关系需要改善。

心理咨询师：您的女儿有亲密的朋友吗？

来访者：我们家有两个孩子，是双胞胎。目前，她最好的朋友就是她的姐姐。

心理咨询师：她的姐姐是否也有类似的问题？

来访者：姐姐没有这些问题，她一直很优秀。考虑到妹妹的情况，去年姐姐为了准备中考，被安排到辅导机构学习，以避免被妹妹的情绪所影响。姐姐中考结束后，我们计划带两个孩子一起去旅行放松一下。

心理咨询师：您此次咨询的具体诉求是什么？

来访者：我希望孩子能恢复正常的学习状态，融入班级的集体生活，建立起自信心。

四、案例分析

➤ 休学后的复学困境

在与来访者的交谈过程中，心理咨询师了解到，自从孩子被诊断为抑郁症，除了进行了两个月的药物治疗外，并未接受过专业的一对一心理咨询。实际上，孩子非常需要接受来自专业人士的心理干预。然而，来访者仅表示“听了一些老师的课程，获得了一些专家的建议，尝试着为孩子做了些调整，感觉效果还不错”。但实际上，孩子目前的表现并不如来访者所述的那样“效果不错”。休学重返校园不久后，孩子再次表现出休学前的症状：难以与同学正常相处，认为同学们在背后议论她或看不起她。结果，孩子很快又不想上学了。

对于那些有过休学经历的青少年而言，复学后出现的反复情况十分常见。来访者的孩子之所以面临“复学”难题，主要归咎于以下几个方面的原因。

1．内在与外在因素均未得到有效改善。孩子长期患有抑郁症，在休学的一年里并未获得有效的治疗和干预。尽管孩子在家中度过了较为平静的一年，但其心理健康的核心问题并未得到根本解决。仅仅是改变了环境，使得孩子的心理矛盾暂时没有那么明显。然而，当孩子再次回到原有的学习环境时，让其感到压抑、抑郁的各种因素被重新激活，心理问题随即显现。在缺乏外部支持的情况下，旧疾复发几乎不可避免。

2．缺乏逐步适应的准备。孩子在复学前未能做好充分的适应计划。来访者对孩子可能遇到的挑战及潜在的心理状态变化缺乏预见性规划。例如，如果孩子在学校感到不适该怎么办？孩子复学时可能遇到哪些具体困难？这些问题上，来访者没有给予孩子必要的心理准备和支持。由于对实际情况估计不足且态度过于乐观，孩子在复学初期即遭遇挫折，迅速产生退却情绪，没有折中方案进行应对，而是选择再次休学，从而导致复学失败。

3．家庭氛围调整不足。为了积极促进孩子的康复，维持一个轻松愉快的家庭环境，合理规划孩子的日常生活，确保充足的休息时间和健康的饮食习惯至关重要。据来访者反映，在孩子再次出现不愿上学的情绪后，父母之间产生了教育理念上的分歧。特别是母亲因孩子再次拒绝上学而与其发生了沟通障碍，缺乏足够的耐心和理解，这进一步加剧了孩子对复学的抵触情绪，最终导致复学失败。

➢ **来访者对孩子存在的心理问题认识不清**

尽管孩子在休学期间拥有一年的时间可以用来改善自身状况，但来访者始终未能充分认识到孩子所面临的心理困扰的严重性，误以为只要在家静养就能自然恢复，将孩子的病情简单化处理为“情绪不佳”，认为无需特别干预。

同时，家庭内部的支持也不到位。来访者的孩子在休学期间正值其姐姐备战中考的关键时期，为了避免受到干扰，姐姐搬离了家。虽然这一决定本身并无不当之处，但在一定程度上，家长可能忽略了对孩子情感需求的关注，无意识间将孩子视为“有问题”的个体，给其带来了额外的压力。正是由于家长未能提供必要的家庭支持，且未能及时帮助孩子寻求专业的心理援助，最终造成孩子长期滞留家中，无法正常回归校园生活的局面。

五、咨询建议

1．寻求专业心理干预。面对孩子不愿上学的情况，家长首要任务是寻找专业的心理辅导与治疗，确保孩子的心理健康问题得到妥善处理。通过专业的心理指导，帮助孩子进行情绪调节，释放孩子的忧虑与不安，消除孩子内心深处的恐惧。在此基础上，找出孩子抗拒上学的根本原因，协助孩子逐步调整认知模式，克服内心的障碍。

2．构建全面支持体系。建立一个全方位的支持网络至关重要。家长须主动与教师及学校保持良好沟通，了解孩子在校的具体表现，并提供必要的外部支持。利用教师资源，鼓励孩子参与课外活动或兴趣小组，以此结识新朋友，扩大社交圈子，提升自信心与归属感。同时，家长应保持积极乐观的态度，营造一个宽松和谐的家庭氛围，接纳孩子的现状，避免施加过多压力。家长应以乐观的心态影响孩子，形成支持联盟，共同应对挑战，助力孩子克服心理障碍，回归校园。

3．设定小目标，逐步实施。针对孩子对学校的抵触心理，家长可与孩子共同设立一系列具体且易于达成的小目标，如每日完成特定的学习任务、逐渐增加在校时间或参与某项校园活动。通过实现这些小目标，孩子能够体验到进步与成功的喜悦，进而提高对学校的接受度。

4．激发学习兴趣。探索孩子的兴趣点，并尝试将兴趣与学习内容相融合。例如，若孩子热爱绘画，可以鼓励其用画笔表达学习心得或解析知识难点。这样做不仅能够激发学习热情，还能使学习过程更加生动有趣。

5．强化正面激励。每当孩子取得进步时，家长应及时给予正面的反馈和鼓励。这种积极的认可有助于增强孩子的自信心，促使他们更加勇敢地迎接挑战。

6．关注身心健康。除了心理支持外，家长还需关心孩子的身体健康。确保孩子拥有充足的睡眠和休息，合理规划膳食，防止过度疲劳。同时，鼓励孩子参与体育锻炼和户外活动，以强身健体、减压放松。

7．保持耐心与毅力。家长必须具备足够的耐心和决心。孩子的心理调整和转变是一个漫长的过程，需要双方的共同努力。即便遇到挫折，家长也应保持积极向上的心态，坚信孩子有能力克服困难，最终重返校园。

8．促进自我反思。鼓励孩子开展自我反思，帮助他们认识到情绪与行为背后的动机。通过简单的对话，家长可以协助孩子整理情绪，理解自身感受，并学会采用更为健康的方法来管理情绪。

9．传授应对技巧。家长应教导孩子一些应对压力或困难的策略，如有效的时间管理、优先事项排序以及应对考试紧张的方法。这些技巧将帮助孩子在学习生活中更加从容，减轻心理负担。

10．设立家庭活动日。为了加强家庭成员间的情感纽带，家长可以设定家庭活动日，定期组织全家参与的活动。无论是户外探险、厨艺比拼、观影之夜还是家庭游戏，都能增进亲子间的互动，帮助孩子放松心情，缓解学习压力。

11．鼓励独立与自主。虽然家长的支持不可或缺，但过度保护可能阻碍孩子的成长。因此，家长应在适当时候放手，鼓励孩子独立思考和行动。比如，让孩子自行规划学习进度或承担一些独立完成的任务。这有助于孩子建立自信心和责任感，为未来的发展奠定基础。

12．保持开放沟通。家长应保持开放的心态，随时准备倾听孩子的想法和感受。建立基于信任和尊重的沟通渠道，让孩子明白无论何时何地，他们都能向家长倾诉心声。这样的沟通环境有助于孩子更好地表达自己的需求和疑惑，及时获得必要的支持与帮助。

案例十：愤怒的沉默

一、基本信息

求助者：孩子母亲。

受助者：女生，17 岁，高中生。

诉求：解决孩子的脾气问题及负面情绪，改善与父亲的关系。

基本情况：孩子为一名 17 岁的女生，家中还有一个 7 岁的妹妹。母亲一直在孩子身边照料，而父亲长期在外工作，直到近两年才回到本地。家庭中对孩子的教育责任主要由母亲承担，夫妻双方关系和睦。

二、案例描述

求助者反映，孩子近期情绪波动较大，易怒，并且抗拒与父母交流。孩子常因琐事与妹妹争吵，甚至发生肢体冲突。此外，孩子存在早恋现象，这令母亲十分担忧，而父亲则感到生气。由于早恋问题，父女之间的关系异常紧张，频繁爆发激烈争执。求助者迫切希望改善父女间的关系。

三、咨询节选

来访者：老师，您好。我女儿现在读高二，最近情绪特别不稳定，总是因为一些小事与妹妹争吵，甚至动手。比如有一次，我给妹妹买了麦当劳，忘记给她买，她就大发雷霆，摔东西。还有一次，为了 3 元钱的事情，两人又打起来了。我真不知道该怎么办。

心理咨询师：面对这种情况，您通常是如何处理的？

来访者：我会尝试劝解姐姐，告诉她应该让着妹妹，毕竟妹妹还小。但我发现这样做并不奏效，她反而更加生气，不理我。

心理咨询师：您认为为什么孩子会对您的劝解产生反感？

来访者：可能是因为她不喜欢听这些话。现在她对任何事情都非常不耐烦，不愿意听取意见，沟通变得越来越困难。尤其是关于早恋的问题，我想找她谈谈，但又害怕引起她的不满。

心理咨询师：孩子早恋的事情，父亲是否知情？

来访者：他知道这件事，但这导致他与女儿的关系变得很差，几乎无法正常对话，常常会因为意见不合而争吵。

心理咨询师：父亲平时会过多干涉孩子的生活吗？

来访者：不会。他因为工作原因，以前很少在家。这两年虽然回来了，但与孩子之间似乎隔阂很深，有时甚至像陌生人一样。最近，这种状况变得更加严重，孩子几乎不再与父亲交谈。

心理咨询师：是什么导致了这样的局面？

来访者：父亲非常疼爱大女儿，但由于长期不在家，两人之间缺乏亲近感。父亲性格急躁，孩子又不愿意与他交流，这让他感到非常沮丧。有一次，因为父亲接孩子放学迟到了，孩子很生气，回到家用力摔门，父亲一时冲动打了孩子。

心理咨询师：那之后，孩子的表现如何？您采取了哪些措施来修复关系？

来访者：孩子虽然还能接受我的建议，但对父亲的态度却非常冷淡，充满了怨恨。孩子父亲事后也非常后悔，但他的急躁性格再次导致了矛盾升级。

心理咨询师：父亲是否有考虑向孩子道歉呢？

来访者：我建议过，他也有意愿，想在孩子生日之际，通过庆祝生日的方式缓和父女间的关系。

心理咨询师：这是一个很好的时机。如果父亲能够写一封真诚的道歉信，将自己内心的感受和思考表达出来，或许能更好地触达孩子的心灵。

来访者：这真是个不错的主意。

四、案例分析

➢ 年龄差距再大也要解决同胞竞争问题

年龄差距再大，也需要妥善处理同胞间的竞争问题。尽管姐姐给妹妹做榜样没有错，但认为姐姐“应该事事让着妹妹”的观念，显然加剧了矛盾，导致姐姐与妹妹相处时经常情绪失控。来访者也发现了这一问题，但并未意识到这种观念对姐姐造成的负面影响会很大，低估了其严重性。这种观念不仅阻碍了来访者看到姐姐所受的伤害，还导致她未能认真对待姐姐的情绪问题，仅仅从道德层面进行评判。实际上，妹妹的出生已经夺走了部分来自父母的爱，产生嫉妒心理是不可避免的。在这种情况下，再要求姐姐让着妹妹，必然会让姐姐感到不公平，从而产生情绪问题。

姐姐的情绪问题源于同胞竞争。同胞竞争是指在弟弟或妹妹出生后，较大的孩子可能出现某种程度的情绪紊乱，表现为对弟弟或妹妹的竞争或嫉妒，如情绪波动、易怒等。尽管姐姐已经接近成年，但未解决的同胞竞争问题仍然对她产生负面影响，如果不加以干预和解决，这些问题并不会自行消失，而是在特定情况下爆发。

➢ 早恋问题

来访者反映，女儿最近出现了早恋问题，这让她非常困扰。事实上，青春期的孩子对异性产生好感是正常的。通常情况下，通过父母的正确引导，可以帮助孩子正确认识这种情感，保持正常的同学关系。然而，求助者的女儿已经开始交男朋友，这与求助者在这方面的引导不足和对女儿情感关注不够有很大关系。特别是家中有了二胎后，对妹妹的关注增多，对大女儿的关注减少，导致她的内心情感需求被忽略。

当孩子缺乏父爱的情感满足时，可能会在异性中寻找情感慰藉，从而更容易陷入早恋。她渴望得到关注、理解和支持，而异性的关注和追求往往能暂时填补这种情感空缺。这种情感缺失可能导致她在与异性相处时迎合对方的需求，忽视自己的感受和需要，或者过度依赖对方，失去独立性和自主性，出现越界行为。这也是来访者特别担心女儿早恋的关键点。

➢ **愤怒的沉默**

来访者向心理咨询师透露，她非常希望孩子能与父亲建立良好的关系。心理咨询师了解到，由于工作原因，孩子的父亲一直在外地，陪伴孩子的时间远少于正常情况。从小到大，女儿就表现出与爸爸不亲近，现在进入青春期后，更是表现出排斥甚至厌恶。孩子的父亲从外地回来工作后，虽然他很想与孩子增进感情，但女儿一直表现得很冷淡，与爸爸交流不多，聊不了几句。有时，女儿还会显得非常不耐烦，与爸爸因小事争吵。

最近一次不愉快进一步恶化了父女之间的关系。爸爸接女儿放学迟到，回家后女儿生气地用力摔门，引发了争吵，最终爸爸情绪失控打了女儿一耳光。可以看出，爸爸和女儿相处时都带有较大的情绪。爸爸的情绪与女儿的冷漠有关，而女儿的情绪则源于爸爸的长期缺位。爸爸不知如何与孩子沟通，只会说教，让女儿感到被干涉和管束，产生了强烈的排斥心理。由于缺乏沟通，爸爸的这种交流方式使本就一般的父女关系陷入僵局。尽管爸爸爱女儿，但他的传统观念和不善言辞使得他的努力徒劳无功，甚至让女儿更加讨厌和排斥他，最终用沉默对抗。自从那次被打后，女儿就再也没有与爸爸说过话。

五、咨询建议

1．处理同胞竞争问题。无论孩子年龄大小，家长必须确保在爱的分配上没有倾斜。家长希望老大成为弟弟妹妹的榜样是可以理解的，但榜样必须建立在父母同样充分爱着老大的基础上。父母应更多地关注老大，因为年纪较小的孩子自然会受到更多关注和宠爱。父母应将姐姐和妹妹之间的关系视为互助和对等，而非竞争。

2．父亲需向女儿道歉。无论女儿目前对父亲的态度如何，父亲必须承认长期缺乏对女儿的关爱陪伴是导致父女关系紧张的主要原因。父亲需要了解青春期孩子的成长特点，特别是女孩的思维方式，学习如何与她们有效沟通。同时，父亲需要掌握与孩子交流的技巧，避免期望一蹴而就，保持耐心，逐步建立与女儿的良好关系。消除父亲对孩子的负面影响需要时间。

3．建立有效的情感联系。家长需要与孩子建立情感联系，并在此基础上进行青春期教育和性教育。家长应理解并接纳孩子的情感，避免过度反应或斥责，以免增加孩子的心理负担和逆反心理。家长应与孩子进行平等、开放、真诚的沟通，了解孩子的感情状况，倾听他们的内心想法和感受，鼓励孩子表达自己的情感，并给予足够的支持和理解。让爱回归家庭，可以帮助早恋的女儿重新融入家庭的怀抱，促进家庭氛围的和谐与温馨。在这个过程中，家长需要展现更多的耐心与理解，因为青春期是一个充满变化和挑战的阶段，孩子们正在逐步探索自我，形成独立的价值观。

4．加强家庭的情感纽带。家长可以安排一些共同的活动，如周末的家庭出游、晚餐后的散步或一起看电影。这些活动不仅能增进亲子间的交流，还能让家庭成员在轻松愉快的氛围中加深彼此的理解和信任。

5．鼓励孩子发展兴趣爱好。家长应鼓励孩子发展自己的兴趣爱好，支持他们参与社交活动，与同龄人建立友谊。这样，孩子们在成长过程中不仅能获得家庭的支持，还能从同龄人中学习到更多社交技能和解决问题的能力。

6．关注女儿的情感需求。家长应特别关注女儿的情感需求，为她提供一个安全的倾诉空间。让她知道，无论遇到什么困难和挑战，家庭都是她最坚实的后盾。家长可以分享自己的经验和故事，帮助女儿理解并应对青春期的各种情感波动。

7．制订合理的学习和生活计划。家长应与女儿一起制定合理的学习和生活计划，帮助她平衡好学业和兴趣爱好之间的关系。同时，也要关注她的身心健康，确保她有足够的休息和锻炼时间。

案例十一：18 岁的“小孩”

一、基本信息

来访者：孩子母亲。

孩子信息：男孩，18 岁，高中生。

诉求：希望孩子能重返校园，完成高中学业。

基本情况：孩子从小缺少父母的陪伴，在亲戚家长大，因此缺乏规则意识。孩子的心智较为幼稚，面对压力的能力较弱。目前，孩子不愿意上学，整日待在家里玩游戏，父母感到束手无策。

二、案例描述

孩子在小学阶段主要生活在大姨家，家庭对他几乎没有管教，对孩子的教育和成长处于放任状态，对孩子的学习生活没有提出具体的要求或给予适当的引导。这种缺乏管理和引导的环境为孩子的健康成长埋下了隐患。如今，孩子即将成年，却对自己的学业没有明确的目标，对未来也没有任何规划，表现出一种随心所欲的生活态度。

三、咨询节选

心理咨询师：请简要描述一下孩子目前的状况。

来访者：孩子现在不愿意上学，对学习没有兴趣，这学期只上了几天课就不再去学校了，总是找借口请假。这种情况从初二开始就时有发生，那时他开始沉迷于电子产品。我们尝试用打骂的方式阻止他使用手机，甚至摔坏了他的手机，但这并没有解决问题。相反，他变得更加沉迷于游戏。第一次的中考成绩离高中录取分数线只有几分之差，他表达了想要读高中的愿望，并主动要求复读一年，最终以500多分的成绩达到了普通高中的录取线。然而，进入高一后，他无法适应学习生活，频繁请假不去上课。他说想出去打工，但仅工作了一周就因为觉得太累而放弃了。现在他大部分时间都在家里，邀请朋友过来一起玩游戏。虽然我制止了他带朋友回家，但他会去朋友家玩。显然，他们大部分时间都在玩手机或电脑。

心理咨询师：那您来咨询的诉求是什么？

来访者：主要是想寻求解决现状的办法，希望能引导孩子回归正轨，专注于学习。我不知道该如何应对这种情况。

心理咨询师：您是希望孩子能重返学校？

来访者：是的，我希望他能继续完成高中学业，或者去技校学习一门技能，而不是整天待在家里无所事事。

心理咨询师：请您介绍一下孩子的成长背景。

来访者：孩子小时候在大姨家长大，我们因为工作繁忙，没能给他足够的关注和正确的引导，也没有培养他的兴趣爱好。初一之后，为了方便照顾他，我们在学校附近租了房子。我和他父亲会辅导他写作业，但经常因为作业的问题批评他。他晚上从学校回来后，我们还会给他安排额外的学习任务。当他学习表现不佳时，我们会责骂他。

心理咨询师：根据您提供的信息，我认为孩子目前面临的主要问题在于他在幼儿及小学时期缺乏必要的行为规范教育，这使得他在建立规则意识和边界感方面存在困难。进入中学后，随着学习压力的增加和自身自律性的不足，由于无法应对学习的压力，他选择了逃避。此外，他对工作的艰辛感到难以承受，回到家中继续沉溺于游戏。这种局面的形成，是由于父母与孩子之间缺乏陪伴和沟通，而且随着孩子的成长，传统的打骂教育方式已经失效。

四、案例分析

➢ 不买手机就不上学

家长反映，孩子从初二开始变得难以管束，主要表现在阻止不了孩子过度使用手机。实际上，家长难以控制孩子使用手机并非问题的核心，孩子爱玩手机只是一种表面现象。

首先，家长在教育方面的知识和技巧明显不足。在教育孩子的过程中，家长采取的方法多有不当之处，对如何在孩子的成长过程中扮演适当的角色缺乏基本认识。家长未能在孩子需要关注和支持时提供必要的指导，导致孩子的心智发展落后于同龄人，且缺乏基本的自我约束和管理能力。孩子对自己不上学的行为毫不在意，这更多体现了他对现实情况缺乏正确的认知。初二时，孩子曾以不给手机就不上学威胁家长，这种行为在健康的家庭教育环境中是不可接受的，但家长却选择了妥协。为了让孩子考上高中，家长再次妥协，满足了孩子购买电脑的愿望，结果孩子沉迷游戏，学业荒废。家长在管教孩子时采用的方法过于简单粗暴，缺乏有效的引导和沟通，这种教育方式显然不利于孩子的健康成长。

其次，当家长意识到问题的严重性时，未能采取有效措施进行补救。尽管家长尝试通过学习家庭教育课程和寻求专业人士的帮助来改善现状，但在实际应用中效果甚微。家长对教育的不专注，表明其对改变现状的紧迫感和必要性认识不足，对教育方式的调整的重要性认识不够深刻。这种态度导致孩子的情况日益恶化，家长也感到无力应对。

➢ **家长弱势，孩子过度任性**

家长表达了对孩子当前不上学、终日游戏的状态的困惑，寻求解决之道。心理咨询师建议，应让孩子承担起自我管理的责任，并为当前的生活方式承担相应后果。若孩子选择放弃学业，那么在生活自理方面也应有所承担。家长的软弱态度，以及对孩子不当行为缺乏坚决回应，使得孩子更加放任自流。在这种抚养模式下，家长显得极为被动，具体表现为：

1. 对孩子的威胁感到恐惧。家长担心，一旦限制孩子的某些自由（如不让使用手机），孩子可能会采取更为极端的行动，比如拒绝上学甚至离家出走。这种恐惧使家长在面对孩子的不当要求时不敢果断处理，从而助长了孩子的不良习惯。

2. 害怕破坏与孩子的良好关系。家长害怕因严厉的管教而引发与孩子之间的矛盾，尤其是考虑到过去可能因忙碌而忽视了对孩子的陪伴，内心存在一定的愧疚感。

➢ **不完整的心智**

在与家长的交谈中，心理咨询师了解到，孩子心智上的不成熟是其当前生活方式的一个重要因素。造成这一现象的原因可能包括：

1. 过度保护的家庭环境。在这样的环境中成长的孩子往往缺乏挑战困难和解决问题的经验，也缺少直面挑战的机会，这些本应促进其心智成长的经历被剥夺，导致孩子在独立性和自主性方面的发展受到限制。

2. 缺乏足够的外部刺激。一个单调、缺乏变化的成长环境可能抑制孩子认知能力和情感表达的全面发展。如果孩子的成长过程过于安逸，缺乏目标和动力，其心智发展可能会停滞不前。

五、咨询建议

1．建立规则与界限。家长应与孩子共同商定清晰的规则与界限，涵盖学习时间、娱乐时间、家务分工等方面，并确保这些规则得到一贯的执行。规则的设立需考虑孩子的年龄及能力水平，同时确保孩子了解违反规则将面临的后果。

2．培养责任感。赋予孩子一定的家庭职责，如清洁卫生、洗衣做饭等，有助于培养他们的独立性和责任感。家长应当让孩子理解，享受家庭提供的便利是有前提条件的，即必须履行相应的义务。

3．正向激励机制。家长不宜单纯依赖物质奖励（如手机、电脑）作为激励手段，而应更多采用正面激励，如给予赞美、增加自由支配的时间等，来促进孩子展现积极行为。

4．改进沟通技巧。家长需掌握并实践有效的沟通方法，如主动倾听、情感共鸣、非暴力沟通等，以构建更加和谐的亲子关系。同时，不应因惧怕冲突而轻易妥协，而应在遵守约定的前提下，适时开展合理的冲突调解。

5．提供心理援助。支持孩子参与心理健康咨询或辅导项目，帮助他们妥善应对情感困扰、增强自我意识和自尊心。家长亦可加入家庭治疗，优化家庭教育模式及亲子互动。

6．营造成长氛围。创造一个既具挑战性又富有趣味性的成长空间，鼓励孩子参加兴趣小组、体育运动、志愿服务等活动，从而促进其认知与情感的全面发展。

7．家长自我成长。家长应持续学习家庭教育的相关知识和技巧，积极参与各类培训课程和研讨会，以便更有效地辅助孩子的成长。

8．树立良好典范。家长应以身作则，展示自律、积极应对问题、勇于迎接挑战等优秀品质，以此潜移默化地影响孩子。

案例十二：替身孩子

一、基本信息

来访者：孩子母亲。

孩子信息：男生，16 岁，高中生。

诉求：解决孩子在行为和学习上的问题。

基本情况：孩子是独生子，目前感到学习吃力，向父母反映课堂上的内容听不懂，希望能够请假在家自学。孩子与同学交往较少，初中时曾表现出抑郁情绪。在家自理能力较差，家人希望他能承担一些力所能及的家务。

二、案例描述

来访者的长子 11 岁时不幸去世，这对家庭造成了巨大的打击。之后不久，家庭中迎来第二个孩子。出于对之前悲剧的警惕，父母对孩子格外疼爱，处处小心谨慎，错过了为孩子建立规则的关键期。如今，孩子性格敏感、内向、自卑，心理较为脆弱。面对学业压力，孩子选择了消极应对，对家长缺乏敬畏之心，甚至出现打骂母亲的行为。

三、咨询节选

心理咨询师：您好，请介绍一下孩子的基本情况。

来访者：您好，孩子告诉我他上课听不懂，想请假在家自学。

心理咨询师：您同意了吗？

来访者：假期里他总是在玩手机，我担心他在家自学时也会玩手机，所以建议他继续上学。但他不愿意听我的意见。

心理咨询师：后来孩子回学校了吗？

来访者：他爸爸非常反对他在家自学，但我心软给他请了假。后来他爸爸批评了他几句，并强行带他去学校。现在他几乎不做作业，总是拿着手机，晚上很晚才睡，早上又叫不醒。老师经常发信息说他迟到，我们也提醒过他很多次，但他自己并不着急。

心理咨询师：孩子的性格如何？

来访者：他非常内向，在家庭聚会时也不理人，只是一直坐着不说话。他非常敏感，很在意别人的看法，别人的一两句话他都会反复思考。他对我不够礼貌，经常大声训斥我。他很久没有叫我“妈妈”了，而是用方言里的脏话来称呼我。

心理咨询师：孩子经常这样无礼吗？

来访者：是的，而且他什么都不愿意做，连洗澡都要我帮他拿衣服。如果不帮他，他就不洗澡。早上起床晚了，还要我帮他挤牙膏、准备好洗脸水。如果我不做，就会爆发冲突，这让我感到非常难受。吃饭时，肉里有一点骨头他就不吃，我担心他吃不饱，就会帮他。我知道这些做法不对，但不知道该如何改变他。我还担心他将来如何独自生活。

心理咨询师：您的诉求是什么？

来访者：希望能让他性格上变得更加自信、阳光、积极，同时改变他的学习状态。

心理咨询师：您多大年纪了？

来访者：我今年 51 岁，生孩子时已经 30 多岁了。因为我之前有一个孩子去世了，后来才有了这个孩子。

心理咨询师：孩子是多大去世的？

来访者：11岁。

心理咨询师：真是令人遗憾。所以您和您的丈夫对这个孩子非常在意，对吗？

来访者：是的。我们可能从小对他溺爱过多，怕他生病，怕他受伤，尤其是他爸爸，什么事都替他做好。

心理咨询师：您和您的丈夫都很爱孩子，但爱要有度。你们在这一点上可能没有把握好。

来访者：是的。我们现在知道需要改变，但又觉得时间太久，不知道从何做起。天天和他争吵，让他一下子改掉所有坏习惯也是不可能的。我们不知道应该从何做起。

四、案例分析

➢ 叛逆的背后不只是因为青春期

对于一个高中生，做家务和一些力所能及的事情是可以培养的。学业压力大，如何调整自己，如何适应，也可以慢慢学习。然而，对于一个16岁的孩子，还要去学习如何懂礼貌，不说脏话，特别是不要辱骂自己的母亲，这就有很大的问题。孩子现在暴露出嫌妈妈唠叨，稍微不满意就会对妈妈破口大骂，在长辈面前没有任何规矩，已经不是青春期的叛逆问题了，而是最基本的教养和规则意识都没有。

家长反馈孩子很敏感，非常要面子，对自己要求低，却对别人要求高。在家里，从不帮忙分担家务，衣来伸手饭来张口。而且情绪特别容易暴躁，说闹就闹，最过激的时候还会动手打妈妈。孩子小时候，爷爷奶奶除了物质上无条件满足孩子，当孩子犯错的时候，也会第一时间拦着父母对孩子的批评管教，甚至在孩子犯错后还会帮助隐瞒。妈妈在家里也缺乏主见，对孩子没有实质的管教和惩罚。爸爸虽然多有管束，却是简单粗暴，教育就是揍孩子。孩子除了怕爸爸，并没有得到有效教养，何况还有爷爷奶奶护着，即使挨打，也只是皮肉之苦，在认知上没有得到任何改进。

➢ **孩子的现状是长期过度溺爱的结果**

祖辈的过度溺爱导致孩子在人格上不完整，依赖性强，自私自利，以自我为中心，内心缺乏对他人的爱。孩子的成长过程中，祖辈的过度参与导致孩子认知混乱，规则感缺失，责任感缺乏，道德感低下，基本生活技能匮乏。这些问题不仅影响孩子的日常生活，还导致孩子性格懦弱，面对挫折时容易崩溃，无法承受困难，抗压能力差。因为从未学习过如何独立解决问题，目前孩子生活不能自理，沉迷手机，厌学，打骂妈妈，这些都是上述因素的结果。

➢ **替身孩子**

来访者今年已经 51 岁。这是他们的第二个孩子，第一个孩子在 11 岁时不幸夭折。由于这个特殊的原因，他们特别珍视这个孩子，对他万分呵护。

可以想象，失去第一个孩子时，全家人都承受了巨大的痛苦，尤其是妈妈，作为母亲，她可能承受了最大的煎熬和对孩子的愧疚。这种丧子带来的创伤需要时间来化解，也需要专业心理辅导的介入和干预才能慢慢缓解。然而，来访者并没有这方面的意识，他们通过迅速生育第二个孩子来缓解丧子的痛苦。妈妈带着对第一个孩子的伤痛和自责生下了第二个孩子，整个家庭都带着对第一个孩子深深的亏欠和未化解的痛苦养育着第二个孩子。现在，这个孩子成了第一个孩子的替身。

➢ **丧子对父母的影响**

丧子对父母的心理伤害是不容忽视的，这种伤害不会突然消失。它可能表现为愤怒、愧疚和自责。如果不加以处理，这些负面情绪会在不经意间表露出来，对心理健康造成伤害。

父母没有从丧子的阴霾中走出了，结果在迎接第二个孩子时，就自然而然地把所有未消解的情绪和情感全都倾注到第二个孩子身上。没有把他当作是另一个孩子，而是第一个孩子的重生。对于这个“重生”的孩子，带着愧疚，毫无保留地给予补偿，没有任何边界。这可能会缓解父母的痛苦，但对第二个孩子是不公平的。孩子没有接受到一个正常的教育，正常的爱。而孩子被当作替身，孩子也是痛苦的，他活不成自己，活在另外一个人的阴影下，内心也是痛苦的。这可能是孩子情绪暴躁的深层次原因。

五、咨询建议

1．家庭治疗。为了应对家庭中出现的各种问题，建议全家积极参与家庭治疗，包括孩子的祖父母在内。通过家庭治疗，家庭成员可以学习更有效的沟通方式，解决彼此之间的沟通障碍。这种治疗方法有助于改善家庭成员之间的关系，增强家庭的凝聚力。特别是面对丧子的悲剧，家庭治疗可以为家庭成员提供一个安全的环境，帮助他们共同处理家庭中的创伤和情感问题，逐步走出阴影，重建幸福的家庭生活。

2．教育和规则设定。在家庭环境中，设定明确的规则和界线是至关重要的，这有助于确保孩子们能够清楚地了解并遵守基本的行为准则。这些规则应当涵盖多个方面，如尊重他人等。通过这些具体的原则，孩子学会表现出良好的行为习惯。

3．倾听和理解。作为父母，我们应该投入更多的时间和精力去倾听孩子的内心想法和真实感受。通过耐心倾听，我们可以更好地理解孩子的处境和需求，从而提供更有针对性的支持和帮助。

4．情感表达。教育孩子学会以健康和积极的方式表达自己的情感是非常重要的。我们应当引导孩子学会用语言或其他适当的方式来表达自己的情绪，而不是通过暴力或辱骂等消极手段。通过示范和练习，我们可以教会孩子如何在遇到挫折或冲突时保持冷静，用理性和平和的方式解决问题。这样不仅能帮助孩子建立良好的人际关系，还能培养他们的同理心和社会责任感。

5．培养独立性和责任感。我们应该逐步引导孩子参与到家务活动中来，通过分配一些适合他们年龄和能力的家庭任务，培养他们的责任感和自理能力。这样不仅能减轻父母的负担，还能让孩子在实践中学会独立和承担家庭责任。

6．自我管理。帮助孩子学会自我管理是非常重要的，这包括教会他们如何管理自己的时间和情绪。通过制定合理的时间表和计划，孩子可以学会合理安排学习和娱乐时间，提高效率。同时，教会孩子如何识别和表达自己的情绪，以及如何在面对挫折和压力时保持冷静和积极的态度，这对他们的心理健康和成长至关重要。通过这些自我管理的实践，孩子将能够更好地应对生活中的各种挑战，成为一个更加独立和自信的人。

7．教育方式的调整。在教育孩子的过程中，父母应当坚决避免使用任何形式的暴力手段，因为暴力不仅会对孩子的身体造成伤害，还会对其心理健康产生负面影响。相反，父母可以寻找更为有效且积极的教育方法，例如，通过理解和支持来引导孩子，帮助他们建立正确的价值观和行为习惯。此外，积极强化也是一种非常有效的教育手段，通过表扬和奖励孩子的良好行为，激励他们继续保持和发扬，从而达到更好的教育效果。

8．情绪管理。父母在教育孩子的过程中，不仅要关注孩子的行为表现，还要重视情绪管理的重要性。学会管理自己的情绪，对于父母来说是一项至关重要的技能。父母可以为孩子树立一个良好的榜样，教会他们在面对挫折和困难时如何保持冷静和理智。这样，孩子在成长过程中就能学会更好地控制和表达自己的情绪，从而形成健康的心理状态和良好的人际关系。

9．社会支持。在面对特定的挑战或困境时，寻求外部资源是一个非常明智的选择。你可以考虑加入一些支持团体，这些团体通常由经历过类似情况的家庭组成。通过与这些家庭交流，你不仅可以获得情感上的支持，缓解孤独和无助感，还可以从中获取许多实用的建议和经验。这些交流可以帮助你更好地应对当前的困境，找到解决问题的有效方法。同时，团体的支持还能增强你的信心，让你在面对困难时更加坚定和从容。

10．关注孩子的心理健康。如果孩子的行为问题持续存在，建议寻求专业的心理健康咨询，以估评是否需要进一步的心理干预或治疗。心理健康的评估通常由具有相关资质的心理健康专家进行，他们可以运用科学的方法和工具来全面了解孩子的心理状况。通过详细的评估，专家可以判断孩子是否存在某种心理障碍或情绪问题，并据此提出具体的干预措施或治疗方案。这不仅有助于及时发现和解决孩子的心理问题，还能为家长提供有效的指导和支持，帮助他们更好地应对孩子的行为问题。

案例十三：妈妈离不开孩子

一、基本信息

来访者：孩子母亲。

孩子信息：女孩，13 岁，初中生。

诉求：孩子沉迷手机，不听话。希望改善与孩子的亲子关系，让孩子理解妈妈，无论学习好坏，只要孩子能开心、快乐、充满活力就好。

基本情况：孩子经常情绪失落，不愿意与他人沟通，敏感脆弱，睡眠质量差，没有兴趣爱好，不知道如何与同学相处，但又渴望获得友谊。整天刷短视频、玩游戏，离不开手机。

二、案例描述

孩子刚上初中，喜欢玩手机，难以自控。来访者希望孩子能管理好自己，建立规则意识。然而，在与孩子沟通手机的使用问题时，效果并不理想。来访者觉得自己与孩子的关系还算不错，但在涉及手机使用的问题上，沟通就变得非常困难。孩子要么不守信用，答应的事情没有做到，要么为未完成的事情寻找各种借口。

三、咨询节选

来访者：我们家孩子是个女孩，今年 13 岁。之前带她去医院检查，医生说有轻度抑郁，做过一次心理辅导，之后孩子不愿意再去。当时还开了药，但她也不愿意吃。后来就没再重视这个问题，孩子上初中以后情绪问题比之前更严重了。前段时间想带她再做一次心理咨询，她也坚决不同意。她不太愿意沟通，现在整天沉迷手机，感觉离开了手机做什么事都没动力，就想一直玩手机。

心理咨询师：为什么要去医院检查？

来访者：孩子的情绪一直时好时坏，有时会变得十分低落，特别难过的样子。

心理咨询师：有没有发生什么特别的事情？

来访者：孩子之前性格一直很好，十岁之前一直跟爷爷奶奶住在一起，我们做餐饮生意，每天回去比较晚，平时爷爷奶奶管得多一些。后来，有段时间家里只有她一个人，因为她一个人在家我不放心，我在家里装了监控。她知道后反应强烈，说装监控给她造成了伤害。

心理咨询师：她爸爸没有陪伴她吗？家庭关系怎么样？

来访者：她爸爸几乎不管，从不插手孩子的教育。我们夫妻关系还可以，她爸爸比较包容我的脾气。我脾气不好，比较强势。

心理咨询师：你们平常怎么和孩子沟通的？是鼓励多还是批评多？

来访者：我从来不打孩子，但孩子说我不是鼓励型教育的家长，她觉得我批评比较多。

四、案例分析

➢ 进退两难的亲子关系

孩子因为学习压力过大和家长的高期望值，曾经出现过心理问题，去医院看过医生，并被诊断为轻度抑郁。来访者调整了与孩子相处的方式。然而，现在她一方面担心会失去对孩子的管控，害怕孩子往不好的方向发展，另一方面又担心管得过严会让孩子反感，结果让自己陷入了进退两难的境地。造成这种进退两难的情况，可能有以下几个原因。

首先，家长缺乏基本的教育知识。在缺乏基本教育知识的情况下，家长在与孩子沟通时，往往对自己所用的沟通方式没有预判。比如，不清楚长期严厉的批评教育对孩子的成长会产生什么影响。如果孩子出现异常反应，家长往往没有心理准备和完整的认知。因此，当孩子的表现与家长的期望不符时，家长会拿不准如何应对。久而久之，就会出现要么非常严格，要么非常宽松，走极端的现象。结果在管教孩子时缺乏科学的方法和技巧，仅凭自己的经验和直觉行事，导致管教方式不够恰当或失去分寸。

其次，家长的情绪控制不足。来访者反馈，她属于大大咧咧的性格，有情绪和脾气都不会藏着掖着，而女儿的心思却很细腻、很敏感。这种情况下，来访者的情绪往往会引起孩子较大的反应，出现对抗甚至是挑战行为。面对孩子的对抗行为，家长可能会因为愤怒、失望或焦虑等情绪而失去理智，采取更过激的管教方式，使孩子反应更激烈，最终进入一种不可调和的状态，更加难以把握管教的分寸。

最后，家长对孩子的期望过高。来访者对孩子抱有极高的期望，希望孩子在学业、品德等方面都表现出色。当孩子的表现达不到家长的期望时，家长可能会感到失望和愤怒，进而采取严厉的管教方式。这种管教方式往往在不知不觉中跨过了界限，把对孩子应有的理解、包容和接纳抛诸脑后。孩子感到沮丧和无助，从而与家长产生隔阂，导致家长在管教中不知如何拿捏分寸。

➢ 未解决“摄像头事件”带来的不信任

来访者属于控制型的妈妈，在与孩子的沟通交流中习惯把自己放在主导位置，容易忽视孩子的感受和想法，这导致了与孩子之间产生了不信任。特别是在没有取得孩子同意的情况下，在孩子的房间安装摄像头，孩子意见很大。虽然最后拆除了，但孩子旧事重提，仍会抱怨家长没有顾及她当初的感受，认为这件事情对她造成了伤害。从家长的角度，家里没人时，摄像头可以让家长看到孩子的情况，让他们更放心。但从孩子的角度来看，这侵犯了她的隐私，让她因为不被信任而感到非常挫败。

> **妈妈没有做好孩子长大的准备**

心理咨询师发现，来访者现在与孩子出现的各种不愉快，对孩子持续地保持管控状态，除了不放心孩子，更多是因为来访者没有准备好面对孩子长大的现实，没有准备好孩子走向独立，没有准备好孩子要“离开”。

五、咨询建议

1．提升教育理论和知识。建议家长们花时间学习一些基础的教育理论和知识，努力提升自己的教育方法和技巧。这样做可以帮助他们避免仅仅依靠个人经验和直觉来教育孩子，从而更科学、更有效地引导孩子的成长。同时，家长们也需要加强自我情绪的管理能力，尽量避免因情绪波动而采取过激的管教方式。这样不仅能够保护孩子免受情绪化行为的伤害，还能为孩子树立一个良好的情绪管理榜样。

2．调整对孩子的期望值。家长们应该重新审视和调整自己对孩子的期望值。过高的期望可能会给孩子带来巨大的压力，甚至导致孩子产生焦虑和自卑等负面情绪。因此，家长们需要根据孩子的实际情况，设定合理的目标，鼓励孩子在轻松愉快的氛围中成长。

3．处理摄像头事件引发的不信任。在处理摄像头事件所引发的不信任问题时，家长们应当尊重孩子的隐私权，避免过度监控。通过与孩子进行坦诚的沟通，了解他们的需求和感受，从而找到一个双方都能接受的平衡点。这样不仅能够重建信任，还能让孩子感受到被尊重和理解。

4．促进家庭关系的和谐。为了促进家庭关系的和谐，家长们应当鼓励孩子主动与父母沟通，分享他们的想法和感受。通过建立一个开放、包容的沟通环境，可以有效避免互相归罪和误解。

5．接受孩子长大。来访者需要慢慢接受孩子长大的事实，调整好心态，提升育儿认知，学习孩子成长的规律，从孩子成长的角度来看待教育。孩子长大，有了自己的想法，希望独立是值得欢欣鼓舞的事情。与此同时，随着孩子的成长，他们可能越来越不愿意与父母交流，尤其是在青春期，这种趋势更为明显。这是孩子成长的规律，家长要学会放手，减少管控，给予孩子成长的空间。

6．给予孩子信任。来访者要最大限度地给予孩子信任，这非常重要。家长需要从反思自己的教育方式开始，尝试与孩子建立更紧密的沟通和信任关系。积极学习育儿知识和技巧，提高情绪控制能力，调整对孩子的期望，摒弃传统观念的影响，把握分寸，用孩子能够接受的方式去爱孩子。

案例十四：父母离异，孩子休学

一、基本信息

来访者：孩子母亲。

孩子信息：男孩，17 岁，高中生。

诉求：寻求与孩子进行有效沟通的方法，鼓励孩子重返校园。

基本情况：来访者与孩子父亲离婚已超过一年，儿子随母亲生活。来访者工作繁重，在离婚前，孩子的生活照料及教育主要由其父亲负责。母亲在孩子的教育中参与度较低，缺乏与处于青春期的儿子交流的经验。

二、案例描述

来访者反映，在学校她的儿子常常以身体不适为由，要求回家，这种状况已经持续近两个月，导致学业成绩显著下滑。她对此感到十分焦虑，不知如何规劝孩子的这种行为。由于长期专注于工作，来访者在教育孩子方面几乎没有任何经验，尤其是在与青春期孩子的沟通上。面对孩子目前的“躺平”状态，她希望能够引导孩子重新回到学校，并对未来抱有积极的态度。

三、咨询节选

来访者：老师您好，我今天来主要是想请您帮我分析一下，为什么我的孩子不愿意再去上学。

心理咨询师：孩子不愿上学有多长时间了？

来访者：已经有两个月了，孩子总是说在学校感觉不舒服，只想待在家里，而且成绩也下滑得很厉害。

心理咨询师：之前发生过什么特别的事情，让他突然不愿意去学校了吗？

来访者：孩子的学习成绩一直起伏不定。过去，他的学习方面主要由他的父亲负责，而父亲的要求相当严格。我认为孩子考上国内大学的机会不大，有人建议我让孩子参加雅思考试，尝试出国深造，以避免国内激烈的竞争。

心理咨询师：孩子对出国留学的看法如何？

来访者：他对此很感兴趣。然而，他的雅思成绩并不理想，原本让他出国的计划似乎难以实现，这使得他情绪低落，不愿意去上学。有人建议我带孩子去看心理医生。

心理咨询师：您是否带孩子看过心理医生？

来访者：还没有。我有一位朋友认为，孩子不愿意上学可能是因为他的抗压能力较弱。鉴于高中阶段的学习压力非常大，她建议我将孩子送到一所专门训练抗压能力的学校。

心理咨询师：可以具体描述一下这所学校的情况吗？

来访者：据我了解，这是一所采取军事化管理模式的学校，旨在帮助学生克服懒惰等不良习惯。

心理咨询师：您的孩子对这个提议有什么看法？

来访者：我还没有与他讨论过这个问题，自己也在犹豫不决。

心理咨询师：在这种情况下，您是否尝试过与孩子进行对话，了解他对当前状况的看法或感受？

来访者：确实想过要与他交谈，但他似乎不太愿意开口，我不知道该如何开启这样的对话。实际上，直到最近一两年，我才开始更多地参与到孩子的教育中。我们的家庭情况有些特殊，因为在此之前，孩子的教育和生活主要由他的父亲负责。

心理咨询师：他的父亲在管教孩子的方式上，是倾向于严厉还是温和？

来访者：他的父亲曾经是一名军人，对孩子的期望很高，要求也很严格。孩子小时候如果表现不佳，父亲有时会采取体罚的方式。

心理咨询师：您现在在管理孩子时，是否也采用了类似的方法？

来访者：实话说，我在管教孩子方面并没有太多经验。我最大的愿望就是希望他能够更加开朗，以积极的态度面对生活。

心理咨询师：从目前的情况来看，您的儿子表现出了一定程度的抑郁迹象。除了学业上的压力外，他还可能觉得没有得到足够的帮助，这些因素共同作用下，导致了他现在的退缩和消极态度。

来访者：那么，我现在应该怎么做才能帮助到孩子呢？

四、案例分析

➢ 刚接管孩子的妈妈

来访者认为，儿子目前的消极态度与学习成绩下降和学业压力过大密切相关。她感到困惑，不知道如何与孩子有效沟通，也不知怎样帮助孩子重建学习的信心，这是她面临的最大教育难题。

进一步了解后，心理咨询师发现孩子的问题与近一年的家庭变动紧密相连。来访者在一年前与丈夫离婚，而在此之前，孩子的日常生活和学习主要由父亲负责，母亲由于工作原因经常不在家。离婚后，儿子随母亲生活，妹妹则随父亲。来访者作为新手家长，对孩子青春期的特点不够了解，面对孩子的突然变化感到手足无措。

来访者曾向朋友寻求建议，被告知孩子不愿上学可能是由于抗压能力不足和缺乏锻炼所致，建议将孩子送入半军事化管理的学校。然而，孩子对此十分抵触，未能成行。来访者还透露，有经验的家长建议带孩子去看心理医生，甚至考虑药物治疗。同时，也有建议让孩子参加雅思考试并出国就读高中，以此减轻压力。尽管孩子同意这一计划，但由于当前的状态，他无法通过雅思考试，最终该计划未能实现。孩子的希望再次落空，加深了他的失望情绪，成为他彻底放弃努力的一个重要原因。

心理咨询师观察到，来访者在尝试帮助孩子的过程中，虽然付出了努力，但并未取得预期效果。主要原因在于来访者倾向于借助外部力量促使孩子回归正常生活轨迹，而忽视了孩子内心的真实感受和需求。来访者往往根据自己的想法或外界建议为孩子制订计划，却很少与孩子进行深入交流，了解他的真实想法。因此，孩子对这些安排感到反感，来访者的努力也未能达到预期。

➢ **松弛的外部环境导致学习动力的缺失**

心理咨询师在与来访者的交谈中了解到，孩子从幼儿园到初中的学习一直受到父亲严格管理，父亲对孩子的学习要求极高，未达标准便会受到惩罚，甚至小学时期孩子曾因成绩不佳而遭受体罚。这种过度严格的教育方式对孩子当前的状态有着直接影响。

首先，父亲的严厉使孩子对他产生距离感，难以建立亲密关系。孩子害怕父亲，不愿意与他分享内心世界，导致双方沟通障碍，教育效果大打折扣。

其次，过度严格的教育可能对孩子的个性发展和心理健康造成负面影响。它可能导致孩子性格极端，表现为强烈反抗或过分顺从。长期处于高压环境中，孩子的心理承受能力和解决问题的能力可能较弱，倾向于逃避而非正面应对挑战，展现出脆弱或偏激的性格特征。

再者，过度的管制可能抑制孩子的潜能发挥。在高度控制下，孩子可能放弃个人主张，顺从成人意愿，丧失创新精神，变得平庸。来访者提到，孩子初中时期非常刻苦，但中考成绩并不理想，这或许与他长期处于被动学习状态，缺乏自主性和内在动力有关。

最后，严厉的管教还可能损害孩子的自尊心，引发情绪障碍。孩子可能会感到无力达成父母的期望，陷入自卑情绪，难以自信地表达自己，从而产生沮丧、焦虑乃至抑郁等负面情绪。鉴于此，来访者已考虑带孩子寻求心理医生的帮助，心理咨询师也注意到孩子存在心理健康问题，表现出抑郁倾向。

孩子目前的辍学状态也反映了家庭环境变化的影响。从父亲的严格管理转变为母亲较为宽松的管理，孩子缺乏自我管理能力的问题凸显。在父亲的严格监督下，孩子形成了“他律”式的学习模式，更多是为了满足父亲的期望而学习，而非出于自身意愿。一旦外在约束消失，面对不断增加的学习压力，孩子难以维持原有的学习动力，最终选择放弃。

➢ **家庭长期缺乏对孩子心理的关注**

心理咨询师指出，无论是在父亲严格管理期间还是母亲接手后，父母对孩子心理健康的关注明显不足。他们过于注重学习成果，忽略了孩子成长过程中的心理变化和情绪波动。当孩子行为不符合父母期待时，通常会受到批评、惩罚或说教，这加剧了孩子的心理负担，使其内心变得更加敏感和脆弱。

此外，父母对孩子缺乏正面的肯定和支持，未能提供足够的鼓励，阻碍了孩子自尊心和自信心的健康发展。孩子对自己的认知偏低，对学习能力充满疑虑，自尊水平低下，缺乏自我激励的动力，这限制了他追求个人目标的能力。长期缺乏心理支持，孩子逐渐形成了依赖性人格，习惯于依靠他人决策，缺乏独立思考和解决问题的勇气。对于即将成年的孩子而言，这种依赖性不仅阻碍了其成长，也影响了他对未来和学业的责任感。

综上所述，孩子的当前困境既源于家庭结构的变化，也与父母教育方式和缺乏对孩子心理健康的关注密切相关。解决这一问题的关键在于加强亲子沟通，关注孩子的心理需求，以及培养孩子独立思考和自我管理的能力。

五、咨询建议

1．建立良好的沟通机制。与孩子进行深入、平等的对话，了解他们的实际想法和需求，尊重孩子的感受，避免单方面做出安排或发出命令。可以通过定期安排与孩子的交谈时间，确保孩子有机会表达自己的观点和感受，这样可以促进相互间的理解和信任。

2．提供心理支持。密切关注孩子的心理健康，鼓励他们表达自己的情感，及时发现并处理孩子的心理问题。如有需要，可以寻求专业心理咨询师的帮助。通过倾听和理解，帮助孩子认识并表达自己的情绪，创造一个安全的环境，让孩子感到被接纳和支持。

3．逐步引导孩子建立自我管理能力。协助孩子制订合理的学习计划，逐步减少外部的约束，让孩子学会自我监控和自我激励。通过设置短期和长期的目标，教导孩子如何规划时间，培养他们的自律性和责任感。

4．营造积极的家庭氛围。多给孩子鼓励和表扬，关注他的成长过程，而不仅仅是学习的结果。培养孩子的自信心和自我价值感。通过庆祝每一个小成就，让孩子感受到自己的努力被看见和认可，从而激发他们的内在动力和积极性。

5．帮助孩子找到适合的学业方向。与孩子共同探讨未来的学业和职业规划，尊重他们的兴趣和愿望，指导孩子设立清晰的目标。通过探索不同的兴趣和职业路径，帮助孩子找到他们真正热爱的领域，从而激发他们的学习热情和动力。

6．增强孩子的抗压能力。通过适宜的方法，比如运动、户外活动等，帮助孩子减轻压力，增强抵抗压力的能力。通过培养兴趣爱好和体育锻炼，教会他们找到缓解压力的途径，从而提升心理韧性和应对能力。

7. 培养孩子的责任感。让孩子认识到自己的行为和选择应承担相应的后果，引导他们对自己的未来和学业负责。通过分配适量的家务和其他责任，让孩子在实践中学会承担责任，进而培养他们的责任感和自我管理能力。

9. 来访者应当与孩子建立有效的沟通渠道，不再用高压逼迫的方式来推动孩子行动。多关注孩子当前遇到的挑战，理解他们在这种情况下内心的感受和难点。从舒缓孩子的情绪做起，给予孩子力量，帮助他们逐渐形成内在的动力。通过构建信任和理解的桥梁，让孩子感受到被支持和尊重，从而激发他们的内在动力和积极性。

总之，家长应当重视孩子的情感需求，为他们提供一个稳定、温暖且充满爱的成长环境，以助于孩子的健康成长。父母应当通过积极的沟通和恰当的指导，帮助孩子建立健康的心理状态，为他们的成长创造更好的外部条件。

案例十五：4 岁会识字，7 岁开始厌学

一、基本信息

来访者：孩子母亲。

孩子信息：女孩，7 岁，小学生。

诉求：孩子厌学，不愿上学，不知如何与孩子沟通，希望能帮助孩子重拾学习兴趣。

基本情况：来访者的孩子是一名 7 岁的女孩，目前读小学一年级。孩子是在父母和姥姥的陪伴下长大的，姥姥一直住在家里，负责照顾孩子的日常生活。妈妈在孩子的教育中占主导地位，爸爸对孩子的管教较少。

二、案例描述

来访者表示，孩子自上小学以来，写作业时总是拖拉磨蹭，需要不断催促才能完成任务，还经常与父母顶嘴，性格急躁且敏感。来访者为孩子报名了许多兴趣班和辅导班，导致孩子学习压力较大。孩子目前处于被迫学习的状态，缺乏内在的学习动力，有明显的厌学倾向，这让来访者感到非常焦急。来访者对孩子的期望很高，非常重视孩子的教育，因此对孩子的懈怠表现感到无法接受，但也发现自己的教育方法效果不佳，感到非常苦恼和无助。

三、咨询节选

心理咨询师：家长，您好。能简单介绍一下孩子的基本情况吗？

来访者：老师，您好，我家孩子是个女孩，刚上小学一年级。现在写作

业特别拖拉，说她还顶嘴。我知道我有时候也有些急躁，但孩子总是不动，也不是办法。不知道老师有没有什么办法让孩子写作业不拖拉，提高学习的主动性？

心理咨询师：家长，孩子除了写作业拖拉，做其他事情也会拖拉吗？

来访者：也有一点。最近有一次中午出门，本来我们约好 2 点，等到要出门的时候，她就开始磨蹭，让我很生气。就说了她几句，孩子很不耐烦，开始顶嘴。我觉得孩子比较叛逆。

心理咨询师：您对孩子的管教严厉吗？

来访者：我应该属于比较严格的家长，我自己脾气也不太好。我对孩子是有要求的，孩子三四岁的时候就开始接受早教，很早就学会了识字。而且，我非常注重对孩子的兴趣培养，孩子很早就开始学习画画、游泳等。但在我管教孩子的时候，我妈，也就是孩子姥姥，总是掺和进来，让孩子感觉有了支持，结果，孩子变得越来越难管了。

心理咨询师：您的意思是现在您和孩子姥姥在教育孩子方面有分歧，是吗？

来访者：是的。我小时候我妈对我也非常严厉，批评我这也做不好，那也做不好。我觉得我的原生家庭对我的影响很大，对我的性格影响也很大。

心理咨询师：那在管孩子这件事上，有没有跟孩子姥姥聊过呢？

来访者：她不会听的，她一直都是这样，我也很头疼。我也知道自己有时候对孩子太急，对孩子不好。但就是忍不住。

心理咨询师：您有没有发现自己是对孩子期待很高的家长。您介意说一下您的学历吗？

来访者：我是研究生学历。的确，我对孩子的期待不低。可能因为有期待，所以对孩子管得比较严一些。

心理咨询师：那孩子爸爸呢？管孩子多吗？也很严厉吗？

来访者：他管得少不说，还嫌弃我管孩子的方法，有时候因为管孩子的事闹得不愉快。我跟孩子爸爸现在交流也少了。

心理咨询师：嗯，家庭环境对孩子的成长确实有很大的影响，特别是在有教育分歧的情况下。孩子现在出现学习动力不足，可能与她目前的压力有关。您的高期望值带来的压力，家庭内部的教育分歧带来的压力，以及因为孩子而产生的争执，都可能让孩子感到自责，认为一切都是自己的问题，从而产生更大的负面压力，导致孩子开始厌恶学习。

来访者：这一点我还没有想到。那么，老师，我该怎么做才能让孩子重拾对学习的热情呢？

四、案例分析

➢ 高知妈妈的高期待

来访者表示，她 7 岁的女儿刚上一年级，但已经表现出厌学的迹象，这让她感到十分惊讶。事实上，从幼儿园开始，来访者就非常重视孩子的早期教育，包括识字、学习算术和背诵唐诗等。孩子在这些方面的表现优于同龄人，这使得来访者感到非常自豪，并得到了其他家长的认可。因此，来访者对孩子始终抱有很高的期待和要求，希望孩子从小就能保持优秀，不输在起跑线上。因此，当孩子进入小学，来访者立即为孩子报了各种辅导班，导致孩子的学习压力很大，几乎没有喘息的时间。孩子在学习过程中始终无法放松，长期缺乏学习的乐趣，从而对学习产生了厌恶情绪，从原来爱学习的状态变为刚上一年级就不想学习，甚至讨厌学习。来访者高期待给孩子带来的过大压力是孩子开始厌学的主要原因。

首先，高期待给孩子带来了额外的学习压力，使孩子感到无法承受。这种压力可能导致孩子出现情绪问题。当妈妈的期望过高时，孩子会觉得自己无法达到妈妈的要求，从而影响到自信心和自尊心。自信心的下滑对孩子的学习兴趣和动力产生了极大的负面影响。

其次，高期待还可能导致孩子的逆反心理，使孩子对家长产生抵触情绪，失去学习兴趣。当孩子无法承受这种高期待时，原本的顺从态度会转变为学习拖拉、不用心、不想学，这是一种内心的抗拒表现。这种对家长的抗拒逐渐演变成对学习的厌恶，导致孩子厌学。

再者，高期待导致孩子自责。当孩子无法达到家长期待的要求时，会感到愧疚和自责，害怕让父母失望。这种情绪长期积累，会导致孩子在面对压力时变得焦虑和恐惧，进一步加剧了厌学情绪。

最后，高期待还可能导致孩子感到迷茫和疲惫。孩子不知道如何才能让父母满意，可能会变得自卑，觉得自己无论怎么做都不够好。这种心理状态不仅影响孩子的身心发展，还可能导致他们缺乏应对学习和生活压力的能力，内心变得脆弱，容易受伤。

➢ **来访者和姥姥的教育分歧**

心理咨询师在与来访者的交流中发现，孩子的姥姥也高度参与了孩子的教育，这导致来访者和姥姥在教育孩子方面经常出现分歧和摩擦。来访者抱怨姥姥不会管孩子，两人在如何管教孩子的问题上经常争吵，互不相让。这种教育分歧和理念不一致直接影响到孩子，让孩子感到困惑，不知道该听谁的，导致教育效果大打折扣。孩子在情绪和行为养成上无法保持连续性和稳定性，变得起伏不定。7 岁的孩子已经有了自己的想法，不再像在幼儿园时期那样听话。如果来访者和姥姥经常争吵，家长的权威也会受到影响。

心理咨询师还注意到，来访者对姥姥曾经对自己的教育方式一直心存芥蒂，耿耿于怀，认为自己的性格缺陷和负面情绪很多都源自原生家庭。来访者特别担心姥姥会把过去对她的那一套用在孙辈身上，影响孙辈的成长。这是来访者和姥姥在教育孩子上发生分歧的重要原因。有趣的是，心理咨询师发现，来访者虽然抱怨姥姥小时候对自己管教严格、要求高、从不表扬、经常批评甚至讥讽，但她无意间将这些她讨厌的方式用在了自己的孩子身上。从更深层次的心理动机分析，来访者实际上并不是在抱怨姥姥的管教方式，而是在抱怨姥姥从未看到过她内心的渴望和需求。

➢ **不和谐的家庭氛围**

来访者坦诚地告诉心理咨询师，她和丈夫的关系一直不冷不热，这让她感到非常苦恼，不知如何应对。她将自己的烦恼转化为对丈夫的抱怨，抱怨他不管孩子，抱怨孩子成长过程中缺乏父亲的必要陪伴。

夫妻之间的冷战导致家庭氛围紧张、冷漠，缺乏爱的温暖，这会让孩子感到无助和孤独，从而影响他们的心理健康。孩子可能会因家庭氛围的不和谐而无法集中精力学习，导致学业成绩下降，产生厌学情绪。此外，孩子也可能会因为家庭矛盾而无法与同学建立良好的人际关系，导致社交能力受限。

研究表明，孩子对父母的情绪非常敏感，即使是冷暴力也能被孩子捕捉到，而且冷暴力的杀伤力更强。孩子在婴幼儿时期就能清晰地感知到大人的消极情绪，即使他们不明白发生了什么事，但仍然会感到不安。

五、咨询建议

1．合理制订教育计划和目标。家长在家庭教育中应以孩子的实际情况为基础，制定合理的教育计划和目标。调整对孩子的期望，给孩子设定目标的同时也要给予孩子足够的空间。减少高期待带来的不必要的压力和负面影响，调整对孩子的学习预期，帮助孩子在学习中体验更多的成就感。通过成功的体验，逐步引导孩子从被动学习转向主动学习。在期待孩子成长的过程中，也要给予孩子更多的鼓励。了解这个年龄段孩子的心理发展特点，做到有的放矢。

2．家庭教育决策中的协商与妥协。在家庭教育的决策中，如果不可避免有多人参与，家长们应注重协商和妥协，意见的统一需要共同努力。在意见发生分歧时，切勿在孩子面前直接争吵和争论，讨论应由家长私下进行。更不要当着孩子的面指责或抱怨另一方，不要让孩子卷入其中。家长可以提出自己的观点和意见，并尽量采纳对方的建议，实现妥协。如果家庭教育分歧较为严重，可以寻求专家意见，听取专业人士的建议。

3．来访者需要接受心理咨询，与自己和原生家庭和解。来访者对孩子的高期待和在育儿过程中产生的焦虑，很多时候源于对自己不接纳的情绪。来访者将自己内心的遗憾和不安投射到了孩子的成长上。来访者需要处理这些内心深处的负面情绪，明白每个人都有不完美的地方。通过心理咨询，来访者可以逐渐察觉并改变自己在育儿过程中的方式和方法，实现与自己和原生家庭的和解。

4．停止夫妻间的冷战，重新建立沟通的桥梁。来访者需要停止与丈夫的冷战，重新建立起沟通的桥梁，塑造温馨和谐的家庭氛围。来访者应主动与丈夫沟通自己的感受和想法。心理咨询师发现，来访者夫妻之间仍有较好的感情基础，具备沟通的基础。只要夫妻间保持相互尊重，减少抱怨，表达真实想法，多倾听和沟通，理解对方的动机和想法，就可以减少无谓的内耗，找到取得共识的机会。积极沟通，好好说话，为孩子创造一个健康的成长环境，这些都是父母的必修课。

案例十六：那你就养我一辈子

一、基本信息

来访者：孩子母亲。

孩子信息：男孩，17 岁，职业高中生。

诉求：希望孩子能够重返校园继续完成学业。

基本信息：来访者的孩子是独生子，早年主要与祖父母一起生活，直到 11 岁时才与父母一同居住。目前孩子已中止学业，长期待在家里。父母在教育孩子方面感到无力，母亲性格较弱，父亲长期不在家，导致孩子被过度放任，缺乏纪律性、自制力和明确的目标。此外，父母之间的关系也存在问题，双方在教育理念上存在分歧。

二、案例描述

通过与来访者的交谈，心理咨询师了解到孩子辍学在家的情况并非偶然。孩子在 11 岁前主要由祖父母抚养，导致孩子童年时期缺乏有效的监管。祖父母在教育孩子方面也较为宽松，因此孩子出现厌学、吸烟及对母亲施暴等行为问题也就不足为奇。

三、咨询节选

心理咨询师：请您简要介绍下孩子的情况。

来访者：孩子正在职业高中读二年级，但他不愿意去学校。他在 11 岁前一直与祖父母生活，直到小学五年级才与我一起生活。他的学习成绩一直不理想，对学习的兴趣也不大，可能是因为祖父母的教育方式，加上转学后教学内容的变化，成绩始终处于班级末尾。到了初二，他一度拒绝上学，经父亲严厉管教后勉强返校。高二第一学期开始不久便染上了烟瘾，第二学期开学虽勉强上过几天学，但受退学同学的影响而想放弃学业。我对他说，如果你不想上学，可以去找份工作，但他对此似乎并不积极，每天只顾着玩手机。他曾提出想在家休息一年。

心理咨询师：请问您的具体诉求是什么呢？

来访者：我希望他要么继续学习，要么找份工作，不要整天待在家里无所作为。

心理咨询师：孩子平时的性格如何？

来访者：以前他非常易怒，遇到不满就容易冲动，尤其是刚来我身边时，动不动就发脾气，甚至还会动手打人。不过最近几年，他的情绪似乎有所改善，变得比过去平和了一些。

心理咨询师：您提到的“打人”是对谁？

来访者：他对其他人从不动手，只对我如此。

心理咨询师：孩子形成良好习惯和学习兴趣的关键时期已经错过，目前他处于无所事事的状态。您对孩子未来有什么期望吗？

来访者：我希望他能有明确的方向和目标，无论做什么都要脚踏实地。

心理咨询师：您是否曾与孩子讨论过这些问题？

来访者：讨论过，我告诉他，父母不可能养他一辈子，他却认为父母应该一直养着他。

心理咨询师：您没有让孩子懂得父母的支持是有限度的。因为您一直在为他的行为买单，所以他并未真正意识到母亲的立场。

来访者： 确实如此。

心理咨询师： 因此，若要促使孩子复学或工作，您必须向他表明您的决心，并付诸行动。比如不再提供经济支持。没有明确的限制，孩子可能会认为父母会无条件地支持他。您考虑过这个问题吗？

来访者： 他自己提过到 18 岁再出去工作，但我担心如果继续这样下去，他会变得越来越颓废。

心理咨询师： 您应该感到急迫，毕竟孩子正值青春，应当努力学习或工作。为什么还要继续无条件供养他至 18 岁呢？鉴于他的身体条件，现在就应该开始承担责任。我建议您告诉他从明天起，要么出去工作，要么回学校。

来访者： 我担心自己无法坚持，一旦我坚定立场，可能会激起他的愤怒，比如抢夺手机、动手打人或破坏物品。

心理咨询师： 您确实有些害怕他，是吗？

来访者： 是的，我确实有些害怕。

心理咨询师： 您之前的宽容、软弱和妥协只会使孩子的问题更加严重。

四、案例分析

➢ 打妈妈的孩子

家庭是孩子成长的起点，有父母陪伴的童年和缺乏父母陪伴的童年对孩子的影响截然不同。父母的陪伴能够促进孩子发展出诸如自信、独立、积极、遵守规则和有较强的社会适应能力等优秀品质。相反，缺少父母陪伴的童年可能导致孩子出现多种行为问题，这些行为背后往往隐藏着深刻的心理问题。如果不加以重视和解决，将对孩子的成长造成长久的负面影响。来访者的孩子所面临的各种问题，无疑与他童年时期家庭的不完整性有关。童年家庭环境的缺失带来了以下几个根本性的问题。

首先，情感缺陷。来访者的孩子从小由祖父母抚养长大，祖父母可能因年龄和精力的限制，无法给予孩子充分的关注和有效的管教。在这种环境下长大的孩子通常会感到孤独、无助、沮丧和失落，从而让他们缺乏安全感。这些负面情绪会直接反映在孩子的行为上，使他们变得自卑、胆怯，遇到困难时容易退缩，不了解生活中的规则和界限。当学习遇到挫折时，孩子很容易选择放弃。来访者提到，孩子对外人还能保持友好，但对母亲却异常无情、冷漠，甚至暴力相向。这种对家人态度的极端化，实际上与孩子从小缺乏情感支持和关爱密切相关。孩子心中充满了怨恨和指责的情绪。

其次，认知偏差和内心迷茫。研究表明，像来访者孩子这样的留守儿童，由于父母的长期缺位，容易形成模糊不清的规则意识，导致认知偏差，思维方式偏激，给人留下缺乏教养和心智不成熟的印象。他们可能有很多想法，但在实际行动上却显得不足。有时过分自信，有时又极度自卑，认为自己一事无成，对未来感到迷茫，没有明确的规划，生活态度消极。

最后，独立性差。来访者指出，孩子在家既不上学也不主动管理自己的生活，日常生活中表现出明显的自理能力不足。这可能是由于家长在孩子成长过程中包揽一切，缺乏对孩子独立性的培养所致。孩子需要为自己的学业和未来负责，但由于独立性差，依赖性强，在面对困境或挑战时倾向于回避，缺乏独立思考和解决问题的能力，不去考虑如何克服困难，这反映了他在这一年龄段应有的自我控制能力的缺失。

➢ **缺位的爸爸，无力的妈妈**

心理咨询师向来访者询问，在孩子的成长过程中，父亲所发挥的作用。来访者未直接回答，而是描述了父亲是一个不太上进、做事情优柔寡断的人。通过进一步交流，心理咨询师了解到父亲在孩子成长过程中基本上是缺席的，长期在外工作，不在孩子身边。尽管父亲偶尔会参与管教，如因孩子不愿上学而将其“揍回学校”，但总体而言，父亲的管教方式简单粗暴。

来访者提到，孩子虽然害怕父亲，但对于母亲的态度却是极其轻视的，这是她目前最大的困扰。来访者非常担心孩子会对她使用暴力。尽管尝试与孩子讲道理、说明利弊，但她的话语对孩子来说毫无说服力，尤其是在谈到孩子的未来时，孩子甚至回应说：“那你养我一辈子好了。”在孩子的教育过程中，父亲的缺位和母亲的无力共同作用，导致孩子现在的问题。

五、咨询建议

1．来访者需要改变自己的认知，重新树立正确的家庭观念。通过心理咨询和专业指导，来访者可以逐步学会如何在家庭中扮演好合适的角色，如何有效地管教成年的孩子。只有这样，来访者才能重塑健康的家庭关系，让家庭回归正轨，更好地管理和引导孩子，确保家庭的和谐与稳定。

2．来访者还需要关注自身的情感健康和个人成长。在面对家庭挑战时，她可能会感到孤独、无助或沮丧。此时，寻求心理咨询的帮助尤为重要。通过心理咨询，来访者可以学会如何更好地处理自己的情绪，增强内心的韧性，以及如何在压力下保持冷静和理智。

3．来访者还可以考虑与家人、朋友或社区成员建立更紧密的联系。分享自己的困境和感受，听取他人的建议，让自己感受到更多的温暖和力量。这些人际关系的支持将成为自己应对家庭挑战的重要资源。

4．来访者还可以尝试与孩子进行更有效的沟通。尽管孩子已经成年，但他们的行为和情绪仍可能受到家庭环境和教育方式的影响。来访者可以以更加理解和包容的态度倾听孩子的想法和感受，同时坚持自己的底线和原则。通过建立良好的沟通机制，可以逐步引导孩子认识到自己的不当行为，并鼓励他们主动承担责任并改正错误。

5．来访者需要认识到，改变不会一蹴而就。她需要耐心地面对挑战，逐步调整自己的心态和行为方式。同时，保持积极乐观的态度，相信自己有能力克服当前的困难，并创造一个更加和谐、健康的家庭环境。在这个过程中，心理咨询和社会支持将继续为她提供必要的帮助和支持。

案例十七：我都抑郁了，为什么没有人关心我？

一、基本信息

来访者：孩子母亲。

孩子信息：女孩，16 岁，高中生。

诉求：希望孩子能克服抑郁心理，恢复正常的学习和生活状态。

基本情况：该女孩现年 16 岁，正在读高一。据家长反馈，孩子长期处于负面情绪中，学习成绩落后，承受着较大的精神压力，自我评价较低。孩子自述从初二至初三期间，班主任存在言语上的冷暴力行为，使她在班级中感到被排斥，人际关系陷入了困境。回家后，孩子常常哭泣，并主动寻求帮助，尝试过药物治疗，但效果并不明显。进入高一后，孩子仍然难以摆脱初中时期的心理阴影，学业与社交均受到严重影响，情绪再次陷入极度消极的状态。家长希望能够改善孩子的心理状况，让其能正常上学和生活。

二、案例描述

孩子性格较为敏感、多疑，内心较为脆弱。初中阶段，自身感觉班主任对她存在言语攻击和特殊对待，加上同学间的排挤，引发了她的自卑感、抑郁、焦虑、失眠以及情绪不稳定等问题。由于家长当时缺乏必要的心理学知识，未能及时给予有效的支持，导致问题在高中阶段进一步恶化。尽管尝试了多种治疗方法，包括西医、中医的诊疗及进行心理辅导，但收效甚微。目前，孩子已无法正常完成高中学业，家长正考虑是否应让其休学以调整状态。

三、咨询节选

心理咨询师：您好，家长！请您简要介绍一下孩子的情况。

来访者：我家孩子现在读高一，16 岁。从初二开始，她一直跟随班主任补习语文，但到了下学期，我觉得课程负担过重，语文成绩提升缓慢，便与班主任沟通暂停了语文补习。之后，孩子回家抱怨班主任对她有偏见，比如在课堂上频繁提问，言语中也不如之前温和。因此，孩子的情绪变得不稳定，初三时学习压力增大，开始出现失眠的情况。那时我对心理问题了解不多，就让孩子服用了我自己治失眠的药物。但考虑到长期服用药物的副作用，初三毕业后就停了。一段时间后，孩子晚上睡觉时出现了哭泣和吵闹的现象，说是因为老师针对她，同学们也不接纳她，这让她感到非常沮丧。

心理咨询师：老师针对孩子的行为是孩子告诉您的，还是您从其他途径了解到的？

来访者：孩子晚上常常因为无法入睡而哭泣，反复诉说班主任的不公平对待。我尝试与老师沟通，表达了孩子的敏感性，并请求老师多一些理解和宽容。老师当时答应了，但实际在学校里，依然没有改变。

心理咨询师：面对这种情况，您是如何安慰孩子的？

来访者：我试图劝慰孩子要有更大的胸怀，毕竟各种类型的老师都会遇到。然而，孩子对此反应强烈，哭得很伤心，说："妈妈，我怎么能大度？她在全班同学面前讽刺我、刺激我，我真的承受不了。"

心理咨询师：孩子表达出这种感受后，您采取了什么行动？

来访者：初中毕业后，鉴于孩子的状态，她主动要求找心理老师帮助，我才意识到问题的严重性。开学前，我带她进行了四次一对一的心理辅导，孩子回来后心情有所好转。

心理咨询师：那孩子现在的状况如何？

来访者：高一刚开学时，似乎一切都在好转，但很快又回到了从前。特别是在军训期间，教练注意到她与其他同学不同，比较孤僻且情绪低落。虽然教练给予了她很多鼓励，帮她完成了军训，但进入高中学习后，她再次陷入了之前的困境。她害怕与同学交往，尤其是同桌的男生，哪怕对方只是偶尔看她一眼，她也会感到极度恐惧。她告诉我："妈妈，那个男孩总盯着我看，我真的很害怕！"后来，我请求老师为她换了位女同桌。她却感到自卑，不愿与人交流，目前在学校的表现是听课困难，做作业时缺乏专注力，感到巨大的压力，甚至说："妈妈，我在学校快撑不下去了。"她想要休学，但医生认为她的状况还不足以开具休学证明。我现在非常迷茫，不知道该如何是好，她在学校也没有朋友。

心理咨询师：明白了，孩子的主要问题是注意力难以集中，很难适应学校生活，是这样吗？

来访者：是的，老师。我希望孩子能够恢复活力，重新回到学校，正常完成学业。现在我每隔两三天就要接她回家。这样的境况让我感到非常焦虑和无助。

四、案例分析

➢ 未了结的创伤事件

来访者认为，孩子初中班主任对其产生了不好的影响。据来访者所述，老师在课堂上公开羞辱孩子，使用冷暴力，这对孩子的心理造成了较大伤害。同时，孩子在学校中遭受同学排挤，与同学的关系逐渐疏远，感到孤立无援，没有朋友。这些因素导致孩子精神压力巨大，对学校产生反感，情绪低落，进而孩子被医院诊断为抑郁症。

进入高中后，孩子再次出现情绪低落、注意力不集中、学习动力丧失及人际关系不佳等问题。这表明，初中时期的心理问题未得到有效解决，孩子未能如家长所愿走出心理困境，问题持续至初中毕业。咨询师了解到，家长一直不清楚班主任为何不喜欢孩子。尽管家长尝试与班主任沟通，但未取得预期效果。班主任否认有特殊对待，家长也未进一步追问，反而安慰孩子要放宽心态。然而，这种方式未能帮助孩子打开心理结节，内心的矛盾未得到解决。由于心理阴影未消除，孩子习惯性地自我怀疑和自我否定，然而高中生活的新环境和学业压力使孩子再次不堪重负，所有未解决的问题再次浮现。

➢ **父母的无力感和引导不当**

来访者在教育孩子的过程中常表现出无力感，缺乏有效的方法和措施。家长常表示“我不知道”“我不懂”“我也没办法”，这种无力感容易让孩子更加无所适从，产生挫败感，自我怀疑，难以强大起来面对问题。久而久之，孩子形成了逃避问题的习惯，表现出低能量的状态。

此外，家长与孩子的沟通缺乏建设性的指导，多为无力地劝说和安抚。当孩子在学校遭遇不愉快时，家长未能提供有效的解决方案，导致孩子只能压抑情绪，负面情绪得不到释放，进而引发心理问题。家长的无力感和担心加剧了问题的复杂性，家长害怕会进一步伤害孩子，结果被孩子牵着走，一同陷入困境。来访者甚至表示自己也感到抑郁，睡眠质量下降。

➢ **人际障碍产生的负向循环**

孩子进入高中后，尽管新环境较为友好，但仍面临人际交往问题，难以与同学建立良好关系，他害怕住校且存在感低，没有朋友又时常感到焦虑。这些问题源于孩子长期处于负能量状态，自我评价低，导致自卑感加重。孩子缺乏正确的沟通技巧，导致人际交往屡屡受挫。家长未能教导孩子如何与同学相处，面对孩子的人际困境也束手无策。心理咨询师观察到，家长自身在人际交往中的弱势态度潜移默化地影响了孩子，使孩子在与他人互动时不知所措，陷入被动和不利的局面。这让孩子陷入越怕与人交往就越难以建立良好的人际关系的负向循环。

➢ **“抑郁”成了保护伞**

心理咨询师发现，孩子被诊断为抑郁症后，虽然自我评价低，但同时也“享受”这种自怜的状态。抑郁成为了孩子的保护伞，使孩子拥有受害者身份，有了退缩的理由，认为自己应该被原谅和同情。在这种自我暗示下，孩子坦然地待在舒适区，将无法走出困境合理化。最初，孩子想走出困境却难以做到，但渐渐地，孩子不再积极寻求改变，失去了从困境中走出来的勇气和意愿。

然而，外界的要求并未改变，学业压力、同伴竞争等挑战依然存在，不会因为孩子是“病人”而消失。现实的压力仍然存在，孩子的心态和精神状态未有根本改变，心理冲突依旧无法解决，孩子陷入了情绪问题的泥潭，无法应对学业。持续的挫败感使孩子回到负面情绪的起点，更加缺乏尝试改变的勇气。

五、咨询建议

1．教育方式的变革。家长应深入学习和理解孩子在不同成长阶段的需求和特点，成为孩子成长的坚强后盾。了解孩子的需求后，家长才能更有效地提供支持和力量，帮助孩子应对挑战。

2．情绪管理与教养模式的改进。家长需提高情绪管理能力，改进教养方式。面对孩子的学习困难时，家长应避免自己陷入焦虑，通过更多沟通了解孩子的想法和需求，提升解决问题的能力，真正帮助孩子，避免让孩子感到孤立无援。

3．增强察觉力。家长应提高对孩子的观察力，避免忽视问题。如果初中时期的问题未得到解决，可能会在高中时期进一步恶化，对孩子的长期发展造成负面影响。

4．支持与鼓励。家长应帮助孩子改变对当前困境的负面看法，修复不良情绪。引导孩子正视高中阶段的学习压力和困扰，协助孩子做好心理建设，保持积极心态。

5．孩子可能需要进一步的心理干预，如一对一心理咨询，以缓解过去的负面情绪。通过认知行为疗法，帮助孩子看到改变的可能。

案例十八："精神分裂"的女孩

一、基本信息

来访者：孩子父亲。

孩子信息：女孩，15 岁，初中生。

诉求：希望能与女儿正常相处，希望被诊断为精神分裂症的女儿能恢复健康。

基本情况：来访者的孩子是一个 15 岁的女孩，正在读初中，即将参加中考。来访者透露，孩子的母亲不太会教育孩子，特别爱唠叨。父亲与孩子关系较好，但对孩子的期望较高，孩子因此感受到较大的学习压力。

二、案例描述

起初，孩子只是感到学习压力大，与同学间的关系处理不当，加上家里对她成绩的高期待，她采取了"故意考差"的消极方式来对抗。然而，当家长的态度变得更加严厉时，孩子内心压力过大却无法排解，而父母又未能及时发觉，孩子选择了离家出走。随后，她出现了幻觉、幻听、自言自语等症状。家长带她就医，被诊断为"精神分裂症"，并入院治疗。父亲求助，希望能帮助女儿恢复健康，但现在不知如何与女儿相处。

三、咨询节选

心理咨询师：您好！请您介绍下现在的情况。

来访者：我女儿刚满 15 岁，现在在医院住院，已经住了 20 多天。医生说她患有精神分裂症。

心理咨询师：为什么送她去医院检查？孩子有什么异常行为吗？

来访者：起因是她半夜离家出走，给她打电话，她却把手机扔了。半夜三更，遇到一个好心人将她送到派出所，才把她接回来。于是，我们带她到省医院检查，当时医生说是家庭教育有问题，孩子身体没有问题，我们就回来了，希望通过改变家庭教育的方式让孩子好转。后来也没有特别重视，结果情况越来越糟。

心理咨询师：这是什么时候的事？

来访者：两三个月前，那天因为不听话我气得打了她，她就离家出走了。我们找了她一夜，也报了警，后来派出所打电话让我们接她回家。接回来时，她已经开始自言自语，非常亢奋，明显不正常。我意识到问题严重，就赶紧把她送去了医院。

心理咨询师：那现在您的诉求是什么？

来访者：我的诉求是希望能彻底治愈她的病症。

心理咨询师：孩子是你们自己带大的吗？

来访者：是的，基本上是我带大的。

心理咨询师：您和女儿的关系应该很好，能够相互沟通。

来访者：是的，沟通没问题，但我们对她的期望太高，我妻子总是唠叨埋怨，她的思维方式很老旧，认为孩子 15 岁了还什么都不会干，而她在这个年纪就能做很多事情了。

心理咨询师：您刚才说期望高，具体高在哪里？

来访者：我希望她至少能考上一所好高中。她之前的成绩在班上还能保持中等偏上，考上好高中应该是没有问题的。但最近的成绩突然就不行了。

心理咨询师：成绩不理想孩子说了些什么？

来访者：她说她是故意考砸的，她想故意与我们对抗。

心理咨询师：您没问她为什么要故意对抗？

来访者：没有问过，可能是对家庭教育的反感。

心理咨询师：她反感什么？

来访者：我有时辅导她没有耐心，而她妈妈总喜欢唠叨，不像其他母亲那样以鼓励为主，她的教育方式很老旧。

心理咨询师：您会鼓励孩子吗？

来访者：我会经常鼓励她，但她妈妈会反复唠叨。

心理咨询师：您对孩子的学习成绩有很高的期待，之前孩子有没有表现出学习压力大的情况？

来访者：没有，但她经常唉声叹气，我劝她顺其自然就好了。

四、案例分析

➢ 爸爸的面子

在与来访者的交流过程中，心理咨询师发现获取重要信息的过程并不容易，即便反复询问，仍感到难以完全理解来访者当前情况的具体细节。孩子突然出现严重心理问题，且似乎没有明显的诱因，这种情况本身并不常见。

进一步沟通后，心理咨询师了解到，来访者对于女儿的问题存在一定程度的否认和回避，没有真正地站在女儿的角度考虑问题。来访者长期以来将女儿的学习成绩视为个人荣誉的象征，这种心态使得他在面对女儿的失败时难以接受，甚至会因此感到丢脸，进而采取惩罚措施，损害了女儿的情感健康。

➢ 孩子要为父亲活着

来访者在与心理咨询师的交流中透露，他正面临职业困境，这些压力使他将女儿的成绩作为个人成就感的来源。来访者对女儿的高度关注，尤其是对她的学习成绩的过度重视，无形中给女儿带来了巨大的心理压力。然而，来访者并未意识到这一点，反而认为自己是在“管教”女儿，实际上这种行为更像是将自己生活中的失败感转移到了女儿身上，试图通过控制女儿的成长来实现自我心理补偿。

来访者担心女儿如果不能取得好的学习成绩，将会重复自己的失败之路，因此只关注女儿的学习结果，而忽略了女儿的情绪和内心世界。这种教育方式不仅导致孩子自我认同的缺失，情绪的压抑，还会削弱孩子的学习动力和抗压能力。

五、咨询建议

1．家长应当认识到，每个孩子都是独立的个体，他们的成长不应是为了满足家长的虚荣心或面子。家长应尊重孩子的个性和兴趣，鼓励孩子根据自己的意愿规划未来。

2．鼓励孩子关注自己的内心感受和需求，通过自我反思和情绪管理，帮助孩子建立清晰的自我意识。家长应该与孩子建立开放、真诚的沟通渠道，倾听孩子的想法，表达对孩子的支持。

3．在教育孩子的过程中，适当减少对成绩的过分关注，避免给孩子施加过大的压力。建立良好的沟通机制，了解孩子的兴趣和困扰，给予适当的支持和指导。

4．鼓励孩子表达自己的情绪，提供情感支持，帮助孩子学会管理和应对情绪。家长也应该勇于面对自己教育方式中的问题，积极寻找改进的方法。

5. 鼓励孩子为自己而学习，而非仅仅为了满足家长的期望。教育过程中，避免因个人情绪而对孩子实施惩罚，保持冷静，理性地对待孩子的错误。

6. 教导孩子正确面对挫折和失败，学会从失败中吸取教训，增强心理韧性。同时，关注孩子的社交技能，帮助孩子建立积极的人际关系，促进其全面发展。

案例十九：开心的“抑郁女孩”

一、基本信息

来访者：孩子母亲。

孩子信息：女孩，14 岁，初中生。

诉求：希望帮助孩子克服抑郁与厌学情绪，恢复正常的生活状态。

基本情况：孩子升入初一，家中还有一个弟弟。近期成绩下滑，学习压力增大，伴有失眠等症状。情绪低落，拒绝上学，并主动要求就医。经医院诊断为“重度抑郁”，但未发现具体诱因。母亲负责孩子的学习管理，父亲参与较少。

二、案例描述

孩子初一下学期，成绩显著下滑，出现失眠、身体不适等情况。孩子主动要求到医院诊治，通过量表评估确诊为“重度抑郁”。母亲认为孩子的状况似乎不似诊断结果那般严重，因为当外出游玩或在使用手机时，孩子都表现得非常开心，未显现出抑郁症状。然而，一旦提及学习，孩子就会显得极其不高兴，甚至表现出抵触情绪。这使母亲感到困惑，不知如何处理当前的情况。

三、咨询节选

心理咨询师：请您简述一下孩子的情况及您的诉求。

来访者：我的女儿 14 岁，在读初一。在今年三四月份，要求我带她去看心理医生。那时她出现了失眠和肠胃不适的症状。经过诊断，医生告知孩子患有抑郁症，并开了一些治疗药物。自那之后，她便频繁请假，不愿上学。

心理咨询师：您是在医院进行的检查吗？

来访者：是的，通过量表测试，结果显示为重度抑郁。但我认为她的状况并没有那么严重。比如，我们外出游玩或是她在家玩手机时，她就会非常开心，完全没有抑郁的表现。

心理咨询师：所以您觉得孩子的状况并不像诊断结果那样严重？

来访者：确实如此，尤其是关于上学的问题。我认为她可能因为心理暗示自己生病了，所以不愿意上学。

心理咨询师：孩子是独生子女吗？

来访者：不是，她还有一个 10 岁的弟弟。弟弟有些畏惧姐姐，两人都由我一手带大，从未分开过。

心理咨询师：孩子曾有过什么特别的经历或遭受过打击吗？

来访者：在五年级时，班级更换了一位严厉的男教师，这对她造成了较大的压力。此外，前两年我和丈夫的关系紧张，经常发生争吵和冷战，我也曾考虑过离婚。我认为这些因素可能对她的心理健康产生了负面影响。

心理咨询师：您是否与孩子讨论过夫妻间的争执？

来访者：我告诉她，父母之间的矛盾与她无关，让她不要担心，保持平常心。

心理咨询师：长期的夫妻冲突无疑会对孩子产生负面的影响。请允许我确认一下，您和孩子父亲中哪一方更多地参与孩子的日常生活？父亲从事什么工作？

来访者：家里的情况可以说是‘单亲式’养育。父亲之前做商品贸易，但由于疫情导致生意一落千丈，之后便长期在家休息。

心理咨询师：能具体说明一下孩子的学习成绩和性格特点吗？

来访者：她的学习成绩一直很好，常常位列年级前列。她非常担心成绩下滑，特别在乎老师和其他人的评价。性格上，她比较内向，但在家中偶尔会展现活泼可爱的一面。她有些社交恐惧。

心理咨询师：孩子的朋友多不多？

来访者：从小到大只有一个亲密的好友。在学校里，有几个关系较好的同学。

四、案例分析

➢ 乐观的“抑郁女孩”

心理咨询师根据来访者提供的信息综合分析，认为来访者对孩子“抑郁”状态的担忧有一定道理，但实际上孩子并非真正患有抑郁症，而是更多地将“抑郁”用作逃避现实压力的手段。

自升入初中以来，学业压力显著增加，尤其是在下学期，成绩的骤降对孩子造成了极大的心理冲击。当压力超过其承受限度时，孩子难以从中恢复，从而产生了类似抑郁的情绪，并采取了逃避行为，如沉迷于网络游戏中寻求心理慰藉。目前，孩子已经形成了习惯性的逃避模式，尽管偶尔会去学校上课，但不久后又会逃避回家。

首先，这种逃避行为与家长未能提供充分的挫折教育有关。据来访者所述，孩子在小学阶段成绩优异，学习过程较为顺利，因此家长对其较为放心，未给予过多关注。然而，家长忽视了孩子成长过程中心理素质的培养，如如何应对挑战、如何调节心理状态等。家长认为孩子身体健康，学业顺利，便无需过多干预。然而，进入初中后，随着学习环境的变化和学业负担的增加，孩子因缺乏心理准备而感到力不从心，这种无力感随着学习压力的增加愈发强烈，家庭的支持也未能及时到位，导致孩子选择逃学来逃避问题。

其次，孩子的逃避行为也与自卑感的形成密切相关。之前成绩优秀的孩子突然遭遇成绩大幅下滑，这对她的自信心造成了巨大打击。如果家长未能及时介入并提供支持，这种打击将逐渐演变为强烈的自卑感，使孩子开始自我否定。孩子会更加关注自身的不足之处，并与他人进行对比，使自己陷入无力感之中。这种自卑感可能源自父母的教育方式。来访者往往忽视孩子的情绪变化，认为孩子哭泣后就能恢复常态，而没有深入了解孩子悲伤背后的原因及其真实感受，未能走进孩子的内心世界，未能赋予孩子力量，也未能给予孩子心理上的支持。从这一点来看，孩子实际上是缺乏关爱的，父母对孩子的内心世界的忽视导致了她内心的脆弱和自卑，进而选择用逃避的方式来应对问题。

➤ **焦虑且低能量的妈妈**

在与心理咨询师的交流过程中，来访者始终表现出高度的焦虑和低能量状态，频繁询问心理咨询师应如何应对，同时又担心自己的管理方式不当。她还担心孩子当前的消极态度会持续下去，影响其未来的发展，常处于非理性和情绪化的思维模式中，难以准确把握孩子问题的核心所在，显得缺乏决断力，让孩子自行决定是否上学。

来访者的焦虑情绪主要来源于对孩子躺平行为的认知模糊。一方面，她对孩子目前的状态表示同情，认为只要孩子健康即可，即使躺平也无妨；另一方面，看到孩子沉迷于手机游戏时，又无法接受，内心的真实想法随即浮现，引发焦虑与不安，进而采取非理性的管教措施，引起孩子的反感，导致双方发生冲突。

来访者的低能量状态导致其对孩子持有消极的态度，自我消耗严重，无法有效地引导孩子，结果孩子遇事时也表现出消极的态度，倾向于逃避而非面对。

➤ **单亲式的家庭教育**

心理咨询师向来访者询问其丈夫在教育孩子方面的作用时，来访者描述了家庭中的“单亲式”教育现象。她在表达对孩子的担忧，实际上更多的是对丈夫的不满。通过深入交谈发现，近年来，丈夫因事业受挫而赋闲在家，夫妻间的矛盾与争执日益加剧。夫妻关系的不和谐对孩子成长的影响深远，可能导致孩子缺乏安全感、性格发展受限、学习分心等问题的发生。

当夫妻关系紧张时，家庭环境会充满负能量，呈现灰暗、消极的氛围。在这种环境中长大的孩子很难保持心理健康。此外，夫妻之间的冲突可能会无意中将孩子卷入其中，使其成为双方情绪宣泄的对象，这对孩子心理健康的负面影响不容小觑，可能导致性格缺陷。孩子目前展现出的习惯性胆怯和逃避行为，与家庭中弥漫的负面情绪和不利影响有密切关联。

夫妻关系不佳时，双方可能陷入冷战状态，从而忽视了对孩子教育的关注。孩子的学习、生活习惯的养成以及规则意识的建立需要持续的引导和支持。然而，在夫妻冷战期间，双方往往忙于处理个人情绪，忽视了对孩子的关怀，导致孩子处于放任自流的状态。孩子如今随意躺平的现象，除了外部压力因素外，内部自律意识的缺失也是一个重要因素。

不和谐的夫妻关系还可能影响孩子的性格发展。来访者的女儿个性较为敏感，女性通常在这方面更为细腻，若长期生活在充满负面情绪的家庭中，更容易产生焦虑和易怒的情绪。因此，家长应当意识到这些问题的重要性，努力调整自身的行为，营造一个更加健康的家庭环境，以利于孩子的全面发展。

五、咨询建议

1. 重新审视孩子的情况。来访者需要重新审视孩子躺平不上学的问题，首先从焦虑不安的情绪中解脱出来，转而关注孩子的真实感受和想法，重建与孩子的信任关系。尝试与孩子进行平等的交流，既不压抑孩子，也不显得卑微。明确表达自己的期望，并与孩子共同讨论，逐步帮助孩子建立行为边界，使其认识到规则的重要性及遵守规则的价值。通过这种方式，逐步培养孩子的责任感和规则意识。

2．来访者须接受心理咨询。来访者应考虑接受专业的心理咨询，增强个人的心理能量，调整负面的认知模式。孩子在面对压力时表现出的能量较弱，部分原因在于母亲长期处于低能量状态，未能有效赋能孩子。通过改善自身的情绪状态，母亲可以逐渐影响孩子，使其变得更加积极向上，学会在遇到困难时不轻易放弃。

3．改善夫妻关系。夫妻双方需要坐下来共同探讨导致关系紧张的根本原因，这可能涉及沟通障碍、生活压力、家务分配等方面的问题。重要的是要坦诚面对问题，找出症结所在。在此基础上，夫妻双方应学习如何倾听对方的观点，理解对方的情感，营造一个有利于问题解决的对话环境。此外，双方需要保持真诚，构建互信的基础，共同规划未来的方向，创造一个和谐美满的家庭氛围，为孩子的健康成长提供有力支持。

案例二十：偷钱撒谎的8岁男孩

一、基本信息

来访者：孩子母亲。

孩子信息：男孩，8岁，小学生。

诉求：孩子经常偷拿家里的钱，并且还会撒谎，希望孩子能够改掉身上的坏习惯，好好学习。

基本情况：孩子目前由妈妈独自抚养，从小生活和学习均由妈妈负责。

二、案例描述

孩子读小学二年级，最近出现了偷钱和撒谎的行为。尽管来访者曾多次对孩子进行批评教育，孩子的行为却没有明显改变，反而变得更加严重。妈妈独自经营一家店铺，既要照顾孩子又要管理生意，精力有限，不知如何更好地管教孩子，教养孩子的压力让她感到沮丧。

三、咨询节选

来访者：老师，您好，孩子现在上小学二年级。最近经常偷拿家里的钱，还会撒谎，也不爱学习。我想问问老师，应该怎么办？

心理咨询师：您能详细描述一下孩子偷拿钱和撒谎的具体情况吗？

来访者：最近一次，我发现包里少了100元，就去问他有没有拿钱，他说没有。我翻了他的书包，结果就找到了100元。我问他这钱是从哪里来的，他说不知道。我很生气，质问他是不是偷拿了包里的钱。

心理咨询师：孩子当时有什么反应？

来访者：他咬着牙说不知道，就是不承认。我说，你还学会撒谎了？

心理咨询师：您是什么时候发现孩子开始偷钱的？

来访者：大约半年前。

心理咨询师：孩子平时有零花钱吗？

来访者：有的。

心理咨询师：您知道孩子偷拿的钱都用来买什么了吗？

来访者：没有怎么问过。我一般会教育他，偷钱是不对的，妈妈养他很辛苦，赚钱也不容易，他要懂事。

心理咨询师：孩子听了您的话后有什么反应？

来访者：他不做声。

心理咨询师：嗯。您介意告诉我，您是什么时候离婚的吗？离婚前，孩子的父亲管孩子多吗？

来访者：我离婚快一年了。他爸爸不管孩子，都是我在管。我一个人也应付不过来。

心理咨询师：离婚前，孩子有这些行为问题吗？

来访者：可能孩子出现现在的情况是受我们的影响，那时候我们每天吵架，家里很不平静。

心理咨询师：孩子犯错误时，您是怎么教育的？

来访者：批评他也不怎么听，有时候也会打他。

心理咨询师：您教训完孩子后，孩子的行为还是没有多大改变，您有没有想过问题出在哪里？

来访者：现在没人帮我，我也不知道怎么管孩子，孩子有时候也有脾气。

心理咨询师：带孩子确实很辛苦。孩子会跟您分享他在学校的情况吗？您会经常和孩子聊天吗？

来访者：小时候他还挺黏我的，孩子是我带大的。现在，感觉孩子和我有些疏远。有时候，问他学习情况他也不怎么说。

心理咨询师：除了学习之外，您有没有和孩子聊过其他话题？或者有没有带孩子出去玩，做一些增进亲子关系的活动？

来访者：会带孩子出去吃饭。不过我要看店，没有太多时间，大多数时候孩子都是一个人待在家里玩手机，也不愿意出门。孩子现在玩手机也很频繁，说了他也不听。

心理咨询师：孩子现在出现了一些不良行为习惯，如偷拿钱、撒谎等，这些问题与家庭教育方式有很大关系。因此，您可能需要调整教育方法。另外，您与孩子的亲子关系也存在问题，需要在这方面做出一些改变。

来访者：老师，那我该怎么做呢？

四、案例分析

➢ 孩子偷窃行为的背后

来访者向心理咨询师求助的主要目的是纠正孩子的偷窃和撒谎等不良行为。结合孩子的成长过程，从心理学角度分析孩子在这个年龄段出现偷窃行为的一些潜在原因。

首先，道德感和规则感不足。孩子在缺乏足够的道德感或规则意识时，往往会经不起诱惑，管不住自己，从而出现偷窃行为。特别是当家长忽视这方面的教育，没有正确引导和教育孩子如何通过正当途径表达需求或实现目标时，孩子可能会采取非常规手段来满足自己的需求。

心理咨询师从来访者处了解到，当发现孩子偷窃后，家长并没有进行适当的引导，而是一味地批评和惩罚。换句话说，家长只是让孩子知道这种行为不被允许，却没有解释为什么不能这样做，也没有教孩子如何做才是被允许的。结果，这种管教方式基本上是无效的，反而让孩子学会了撒谎（在被发现后不承认）。

每次孩子偷钱后，来访者通常会通过诉苦的方式教育孩子，比如强调“赚钱多么辛苦”。然而，这种方法并没有达到预期的效果。事实上，8 岁的孩子很难理解母亲的苦衷，他们更多是从自己的内心需求出发，关注自己的感受。如果孩子内心强烈的欲望没有得到理解和疏导，任何道理和说教都难以奏效。

其次，内心的匮乏感强烈。从某种意义上讲，孩子偷钱的行为不仅是为了购买自己想要的东西，满足物质需求，还可能是在寻求关注和认可。孩子是最近一年才出现偷钱的行为，恰好是父母离婚期间。家庭的变故对 8 岁的孩子影响巨大，其行为背后的动机之一可能是通过偷窃行为引起家长或老师的注意，从而获得关注。

➢ **孩子撒谎的原因**

研究表明，孩子撒谎的原因多种多样，包括逃避责任和惩罚、寻求关注和赞扬、追求个人利益以及模仿他人等。根据与来访者的交流，孩子的撒谎主要是为了逃避责任和惩罚。来访者习惯用打骂等方式惩罚孩子的偷窃行为，结果导致孩子用撒谎来保护自己，逃避责任和惩罚。这种行为进一步加重了惩罚的力度，形成了恶性循环。

另一个重要的原因是孩子与来访者之间的关系疏离，导致双方沟通并不真诚。当家长对孩子不信任时，孩子在家长的“心理暗示”下也不相信自己能够改正，从而将撒谎变成了一种习惯，导致出现负向循环。

➢ **不起作用的惩罚教育**

在与来访者的交流中发现，她对孩子偷窃和撒谎行为的管教方式是失败的。孩子偷窃后被批评、被打骂，导致孩子撒谎，再被贴上不诚实的标签，结果是孩子撒谎变得屡教不改。

长期的惩罚会使孩子感到自己不够好，产生挫败感，引发焦虑、沮丧、无助等不良情绪。在这种不良情绪下，孩子懂得的是羞辱和不被接纳的相处方式，而不是行为规则。在这种状态下，孩子无法自我反思和做出改变，更无法调动积极主动性。因此，这种管教方式是被动且无效的。

惩罚教育对孩子的心理健康有极大的负面影响。自信心和自尊心受损，从而影响他们的成长和发展。低自尊的孩子行为规范意识薄弱，更容易出现行为问题。他们习惯于依赖外界力量管理自己的行为，缺乏自我管理的能力。低自尊还会导致孩子在面对挑战和困难时缺乏自信，难以积极应对，习惯用逃避来解决问题，撒谎就是逃避偷窃惩罚的结果。

家长的频繁批评可能会让孩子感到无所适从，从而影响他们的行为和性格发展。孩子可能会变得内向、孤僻，与家长的关系逐渐疏远，形成不良的互动模式。

五、咨询建议

1. 重新看待孩子的偷窃行为。来访者需要重新看待孩子的偷窃行为，避免直接揭短。选择适当的时机与孩子进行沟通，如果孩子初次沟通时不愿承认偷窃行为，不要表现出过激的情绪反应。让孩子感受到家长的接纳态度，为下一次有效沟通打下基础。

2. 鼓励孩子说出真相，即使真相可能令人不快，也要鼓励孩子说出来。让孩子明白诚实是做人的基础，也是与人相处的基础。

3. 探究孩子偷窃背后的真实动机，满足孩子的内心需求。如果孩子感到缺乏关爱或关注，就需要重新审视孩子偷窃行为背后的原因，避免仅仅从行为本身进行教育。与孩子建立情感链接，理解孩子的感受和需求。

4. 处理孩子的撒谎行为。对于孩子的撒谎行为，要与孩子进行开放和诚实的对话，了解撒谎的动机，建立信任关系。让孩子在一个安全的环境中坦诚地表达自己，而不用担心受到惩罚或责备。

5. 给予适当的正面激励。当孩子表现出诚实行为时，应给予表扬和奖励。来访者要学会在养育孩子过程中保持耐心。教育孩子诚实需要时间和耐心，家长应保持冷静，理解孩子的行为可能是出于恐惧或寻求关注，而不是恶意欺骗。

6. 多鼓励少惩罚。在教育孩子的过程中，家长应多鼓励少惩罚。孩子在成长过程中势必会出现各种问题，如行为、情绪、习惯等方面的问题。孩子的成长是一个“进化”的过程，遵循一定的发展规律。在成长过程中，孩子是主体，而父母的角色应该是引路人，而不是决策者（大是大非除外）。

7. 过分的惩罚教育会抹杀孩子“进化”的能力，即孩子会失去为自己成长负责、独立思考和感悟的能力，还会影响孩子的情绪发展（长期批评下，孩子的情绪多为负面）。因此，鼓励孩子就显得尤为重要。

8. 多发现孩子成长过程中的闪光点，避免放大孩子的缺点。让孩子形成自我肯定和自我认同，让孩子在成长中感受到家庭的支持。这样，孩子才有能力面对困难，有勇气面对自己的错误，逐渐形成积极向上的性格特征。特别是对于一个 8 岁的孩子，尤其是生活在单亲家庭中，鼓励是让孩子体验被爱的重要途径。通过鼓励，孩子可以感受到家庭的温暖和支持，从而更加自信和积极地面对生活中的挑战。

案例二十一：被妈妈踢出家门的女孩

一、基本信息

来访者： 孩子父亲。

孩子信息： 女孩，14 岁，初中生。

诉求： 希望得到帮助以消除与女儿之间的沟通障碍，同时解决孩子情绪波动大、易怒、缺乏自律等问题。

基本情况： 在孩子 3 岁时，来访者与孩子母亲办理了离婚，此后孩子主要由母亲抚养。近期，孩子回到父亲身边。父亲观察到孩子表现出情绪不稳定（包括自残行为）、态度粗鲁、不守规矩等特征。他希望能够为孩子设立合理的规则，纠正她的不当行为，并帮助她调节情绪，同时弥补过去对孩子的感情缺失，促进她的健康成长。

二、案例描述

来访者是一位理性且表达能力较强的父亲，在与心理咨询师交谈时逻辑清晰、言辞简洁。尽管如此，他在交流中仍显露出焦虑和无力感。当前最令他困扰的是，他与初二的女儿之间几乎无法建立有效的沟通与交流。

三、咨询节选

心理咨询师： 您先简单说一下情况吧。

来访者： 我是孩子的父亲。孩子 3 岁时，我和她母亲离婚，孩子一直跟随母亲和外祖父母生活。小时候她的学习成绩还不错，但从 13 岁开始，她的情绪变得非常暴躁，容易失控，甚至有攻击长辈的行为。她总感觉自己被所有人监视，因为母亲和外祖父母管不住她，所以将她送到我这里。从去年开始，孩子回来和我一起生活。但她对我很有敌意，一旦发生分歧或冲突，她就会做出自残的行为。我觉得她的情绪问题可能给她带来的风险比身体上的伤害更严重。目前，我采取的方法是让她单独住在一套房子里，尽量减少直接接触，以避免正面冲突。

心理咨询师：和孩子共同生活的这段时间，您的感受如何？

来访者：这很难描述。有时候，孩子的外祖母会打电话给我，询问为什么不去陪伴孩子。我解释说孩子不想见我，我担心她的情绪会失控。外祖母建议说可以让她打我一顿，这样她的情绪就会好些。

心理咨询师：那您是怎么回应的？

来访者：我认为这种解决方式并不恰当。我现在采取的策略是尽量保持距离，让事情自然发展。我认为，一个 14 岁的孩子应该知道饿了要吃饭，渴了要喝水，如果连这些基本的自我照顾都不会，更不用说管理自己的情绪了。这是我看待这个问题的角度。另外，我也尝试让她参与到正常的社会活动中，我发现她与外界的人相处得不错，喜欢一起玩游戏、创造乐趣。但是一回到家，她就会变得非常不友好，总是说“滚开”“走开”。

心理咨询师：您现在的诉求是什么呢？

来访者：我希望她能够逐渐走出困境，我也希望能给予她更多的帮助。但我不确定自己采用的方法是否正确，也不清楚应该如何更好地支持她。

四、案例分析

➢ 超理性的爸爸

来访者描述说，他每次试图与女儿沟通，只要一推开房门，就会被女儿一句“滚”顶回来，完全无法继续下去。这让他感到非常无力。这位父亲自认为非常理智，甚至能像心理咨询师一样分析出女儿现状的原因，但面对如何解决问题却感到束手无策。他说自己现在是黔驴技穷，已经尝试了各种方法希望与孩子顺利交流，但每次都以失败告终。我们来分析出现沟通障碍的原因。

首先，缺乏情感基础和交流技巧。超理智型父母在与孩子交流时，往往过于注重逻辑和理性，而忽略了情感的交流。这种交流方式容易让孩子感到被忽视或不被理解，从而产生强烈的排斥心理。即使父母的话再有道理，如果孩子不愿意听，沟通就难以有效。缺乏情感交流，亲子关系的建立也会变得困难重重。来访者表示，他已经向孩子道歉，并表达了自己做得不够好的地方，也尝试关心孩子。然而，心理咨询师发现来访者实际上并未真正接受孩子拒绝与其沟通的事实，也没有接纳孩子的情绪，依然处于对孩子的行为进行是非评判的状态，认为错误在于孩子。尽管来访者关心孩子，但在被孩子拒绝后，他未能妥善处理孩子的情绪，反而让自己陷入了情绪的低谷，无法真正理解孩子的感受，更无法触及孩子情绪背后的真正需求。

其次，控制欲过强且未察觉。超理性的家长倾向于用逻辑和理性来衡量一切，坚信自己的判断和决策，因此很少给孩子留下思考的空间。来访者总觉得自己掌控着局面，只是问题尚未解决。当他在抱怨被孩子拒绝并认为孩子不讲理时，从未意识到自己在关系中扮演了拒绝对方的角色。来访者没有真正与孩子平等交流，而是站在权威的位置上与孩子对话。

最后，只注重结果，忽视过程。来访者实际上已有10余年未与孩子共同生活，孩子自3岁起便随母亲生活，直至最近两个月才回到父亲身边。孩子有排斥父亲和其他情绪化的行为，虽然来访者有所预见，但实际相处时仍显得准备不足。来访者认为自己已经尽到了责任，因此期待孩子也会相应地做出改变。然而，孩子并未如他所愿地发生变化，而是持续情绪失控，这使得父亲感到急躁且无计可施，关系改善的目标毫无进展。

➢ 被妈妈踢出家门

此次女儿突然与父亲同住，实因母亲对孩子感到束手无策，最终将其送到父亲面前。孩子自幼父母离异，长期由姥姥照料，加之母亲的管教方式存在问题，这些因素共同作用下，导致了孩子当前的行为问题，如不守规矩、缺乏教养等。离婚对孩子的心理影响深远，若抚养者未能妥善处理自身的情绪，离婚的阴影将传递给孩子，使其难以修复内心的创伤。

五、咨询建议

1．调整沟通方式。有效的沟通需具备特定的技巧，如表达需求、提问、倾听及反馈等。来访者需要深入理解离异家庭中长大的孩子内心的需求。减少理性思维，增加对孩子的同理心，关注孩子行为背后的真实感受，将沟通的重点从对错争辩转向理解和关怀，以重建与孩子的联系。

2．重新评估离婚的影响。家长需认识到离婚对孩子可能产生的负面影响，但同时也要相信孩子具有适应与克服困难的能力。创造一个安全、温馨的家庭环境，给予孩子表达情绪的机会，解释离婚的情况，强调这不是孩子的错，并保证孩子是被爱的，以此减轻孩子的不安感。此外，教导孩子如何正确表达情感，培养其情绪管理技能，帮助其建立正常的心理认知。

3．建立情感基础。通过共度时光、倾听孩子的心声、分享个人故事等方式，与孩子建立深厚的情感纽带。这不仅有助于增进亲子关系，还能让孩子感受到家庭的温暖与支持。

4．平等交流。放下权威的面具，以平等的姿态与孩子对话，尊重她的意见和感受，鼓励她表达自我，共同探讨问题，寻找最佳解决方案。

5．关注过程而非结果。重视与孩子关系的逐步改善，而非仅仅追求行为的即时改变。耐心地与孩子建立信任关系，逐步引导其向积极的方向发展。

6．与孩子共同设定目标。设立可达成的小目标，庆祝每一步的进步，让孩子体验到成功的喜悦，增强自信心和成就感。

7．制定家庭规则。与孩子合作制定家庭规则，确保她参与其中，提高其遵守规则的意愿。保持规则的一致性和公正性，确保孩子明白规则的重要性及其违反的后果。

8．寻求专业帮助。利用学校和社区资源，如参加家长培训课程、亲子活动等，获取更多育儿知识和支持。通过与其他家长的交流，共享经验，共同探索解决育儿难题的方法。

案例二十二：我的孩子不算学霸

一、基本信息

来访者：孩子母亲。

孩子信息：男孩，16 岁，高中生。

诉求：希望孩子端正学习态度，减少对电子产品的依赖，更加自觉地学习。

基本情况：孩子学习成绩优异，考入了当地一所知名高中的重点班。然而，自初三暑假起，孩子开始沉迷于电子产品，每当家长提及玩手机的问题，双方就会产生冲突，导致不能与孩子进行有效沟通。家长因此非常担忧，担心孩子无法集中精力投入学习。

二、案例描述

来访者向心理咨询师反映，孩子中考后，暑假期间大部分时间都在玩手机。尽管家长给孩子报名了补习班，但孩子上过几次课后，觉得课程难度大，便不再想去。家长看到孩子在假期里无所事事，感到非常不满，担心孩子这种状态无法适应高中的学习和生活。暑假期间，孩子玩手机的时间明显增多，来访者试图阻止，但孩子的反应非常强烈。现在，来访者既担心孩子沉迷手机，又自觉无法与孩子沟通，感到非常无助。

三、咨询节选

心理咨询师：家长，请先说一说孩子的情况。

来访者：孩子成绩一直不错，今年中考也考入了一所不错的高中的重点班。现在的问题是，只要一提到学习而不让他玩手机，他就非常反抗，完全不与我们沟通。

心理咨询师：那他现在每天玩手机多长时间？

来访者：大约有7、8个小时的时间都在玩手机。

心理咨询师：晚上也在玩吗？

来访者：是的，晚上也在玩。我尝试过收走手机，但那样的话，我们的关系就会变得非常紧张。

心理咨询师：您现在的诉求是什么呢？

来访者：高中学习压力很大，与初中不同。初中时他靠一些小聪明还能应付，但高中显然不够。我希望能够与他建立良好的沟通，让他理解我的担心，听进我的建议。

心理咨询师：他初中的成绩怎么样？

来访者：成绩非常好，中考总分800分，考了700多分。

心理咨询师：那孩子真是个学霸啊！

来访者：不过，语文150分通常只能考115分到118分。

心理咨询师：那也相当不错了，不是吗？

来访者：但在我们这里的最好高中，这个分数离一类线还有30分的差距。

心理咨询师：那数学和物理呢？

来访者：数学一般能考145分左右，物理和化学也都能考95分左右。所以理科成绩比较好，但政治理论课（道法）100分只能考80分左右。

心理咨询师：您是不是一个要求很严格的妈妈？

来访者：孩子觉得我比较严格，但从我的角度看，我觉得自己对孩子还是挺宽松的。

心理咨询师：能举个例子吗？

来访者：比如初中时，他想要手机，我就给他买了一部。当时他闹得很厉害，说同学们都有手机，他却没有。只要他能保证成绩，他的大多数需求我都尽量满足。

心理咨询师：所以您现在担心的是，孩子进入高中将会面临更大的学习压力，如果继续这样玩手机，可能会分散注意力，影响成绩，是吗？

来访者：是的。我们被录取到重点班，这个班的目标是培养考取清华、北大或 985 高校的学生，这对家长来说也是一种压力。

四、案例分析

➢ 我的孩子不算学霸

心理咨询师发现，来访者处于高期待、高焦虑的状态。实际上，孩子的中考成绩非常优秀，有几门甚至接近满分。然而，来访者对孩子评价为“我的孩子不算学霸”，并直接指出了孩子的短板科目（尽管这些科目的分数也不低）。可以看出，来访者的高焦虑状态导致她只关注孩子做得不好的地方，这直接造成了孩子与来访者之间的对抗。在教育孩子的过程中，高期待、高焦虑的父母可能会给孩子带来以下不良影响。

1．传递压力给孩子。父母的焦虑情绪很容易在家庭中传递，让孩子感受到巨大的压力。孩子可能会因此感到不安，甚至认为自己是父母焦虑的根源，产生自责。这种自责会导致孩子对父母的要求心生反感，出现排斥心理，甚至产生报复心理（即有能力做好但故意不做）。长期的压力会损害孩子的自信和心理健康。

2．过度控制。焦虑的父母往往倾向于过度干预孩子的生活和学习，试图通过控制来减少不确定性，缓解焦虑。例如，孩子在暑假期间玩手机，来访者原本是默认的，但在参加完家长会后，突然感到紧张，觉得孩子玩手机时间太长，影响学习，于是想收回手机的使用权。父母的过度控制会削弱孩子的自主性、独立性和解决问题的能力，遇到困难时孩子可能会产生依赖心理，甚至退缩。来访者反映，孩子目前补习高一课程觉得很难，就不想去上了。如何帮助孩子克服畏难情绪也是来访者寻求帮助的目标之一。

3．影响亲子关系。孩子可能因感受到父母的不信任或过度期望而感到沮丧、愤怒或疏远，进而影响亲子之间的沟通和理解。目前，来访者的孩子已经表现出不愿与来访者沟通的状态，特别是在谈论学习时，孩子要么避而不答，要么应付了之，总之不愿意正面交流。因为太过焦虑，来访者一方面高估了外部竞争压力，另一方面低估了孩子的能力，这种不信任感会让孩子感到反感，导致孩子与家长产生隔阂，不愿意交流。

4．忽视孩子的内心需求。焦虑的父母可能过于关注自己认为重要的方面，忽视孩子的内心需求。来访者在暑假给孩子报了几科的辅导班，孩子反映老师教的内容很难，老师讲得也不好。然而，来访者似乎并没有去关注孩子的反馈和心声，只是单方面判定，辅导班别人都在上，为什么自己的孩子不能上，为什么别人都能学，自己的孩子为什么放弃？因此，直接否定了孩子的想法。这不仅没有帮助孩子解决问题，反而陷入责怪孩子的情绪中，导致不能与孩子进行有效沟通。

➢ **用沟通来维护自尊**

来访者的孩子其实非常优秀，中考成绩超过了大多数同龄竞争对手，考入了一所不错的重点高中。尽管来访者不太满意，但孩子的学习成绩证明孩子在学习上是有主动性的。作为学业优秀的孩子，也有着很高的自我认同感和自尊心。心理咨询师发现，来访者在教育孩子的过程中，仍然使用打击孩子、与他人做比较、唠叨等方式与孩子沟通，这些“否定式”语言会大大挫伤孩子的自尊心，给孩子带来负面影响，导致孩子抗拒，不愿意与家长沟通。

在孩子的成长过程中，保护他们的自尊心是至关重要的。自尊心不仅影响孩子的自我认知和情绪调节，还直接关系到他们的处事能力和未来发展。自尊心受挫的孩子，与父母的教育方式有着密切的联系。父母应当注意以下几点。

1．是否对孩子有足够的正面鼓励与肯定。正面鼓励与肯定是孩子自尊心成长的基石。一个长期生活在被否定、缺乏鼓励的家庭教育环境中的孩子，很难形成自尊感。为了保护自尊心，孩子只能通过忽视家长的负面语言，选择沉默来自我保护。

2．是否习惯性将孩子与他人比较。来访者的孩子在补习班中途不想继续上课，来访者的第一个反应就是拿孩子与其他同学比较，觉得“其他同学能够坚持上课，你为什么不能坚持”。每个孩子的情况不同，内在特质和成长环境也各不相同，这种比较实际上是直接否定了孩子的努力、成绩和价值。孩子必然会从心里拒绝家长的管教，拒绝与家长沟通，以保护自尊心。

3．是否关注孩子的情感需求。家长应当多关注孩子的情绪变化，而不仅仅是盯着孩子的学习成绩，多倾听他们的心声，理解他们的感受。当孩子遇到挫折或困难时，及时给予情感上的支持和安慰，可以帮助他们缓解负面情绪，增强应对挑战的勇气。这种情感上的支持和理解，能够让孩子感受到被爱和关怀，进而提升他们的自尊感，帮助孩子建立更强的信心和自我认同感。

五、咨询建议

1．家长应成为孩子的保护伞。家长应该消化外界环境带来的焦虑，而不是放大焦虑。来访者应当多关注孩子的努力和进步，减少无谓的攀比。无论结果如何，只要孩子付出了努力，都要给予肯定和鼓励。这样，孩子在遇到困难时，不会妄自菲薄，而是拥有迎难而上的勇气。

2. 家长要学会尊重孩子。每个孩子都是独一无二的，他们有自己的兴趣、爱好和特长。让孩子为自己做主，培养他们的责任感，减少干涉，尊重孩子的个性，鼓励他们追求自己热爱的事物，是保护孩子自尊心的重要一环。同时，在适当的范围内给予孩子选择权，让他们参与某些决策过程，可以让孩子感受到被尊重和信任，从而更加珍视自己的选择和决定。这也是提升孩子独立性和责任感的有效方法。

3. 建立积极的沟通环境。为了建立一个积极的沟通环境，父母应尽量避免在孩子面前表现出高焦虑的状态。过度的焦虑可能会对孩子产生负面影响，因此父母需要学会管理自己的情绪，减少对孩子使用手机的过度关注和批评。这样可以为孩子创造一个更加和谐的家庭氛围。

4. 鼓励孩子表达感受和需求。父母应鼓励孩子表达自己的感受和需求，尊重孩子的意见。避免单方面的控制和命令，这样可以让孩子感受到被尊重和理解。给予孩子适当的自由和信任，鼓励孩子自主安排学习和休息时间，培养他的独立性和解决问题的能力。这样不仅能让孩子学会自我管理，还能增强他们的自信心。

5. 多关注孩子的优点和成就。父母应多关注孩子的优点和成就，提供正面的鼓励和肯定。避免频繁地将孩子与其他孩子进行比较，这可能会打击孩子的自尊心。相反，应该关注孩子的进步和努力，给予他们更多的支持和鼓励。

6. 倾听孩子的心声，理解情感需求。父母应及时给予孩子情感上的支持和安慰，而不仅仅是关注学业成绩。这样可以帮助孩子更好地应对生活中的各种挑战，增强他的心理韧性。与孩子共同制订合理的学习计划，确保学习与休息、娱乐的平衡，避免过度学习导致的压力和疲劳。这样可以让孩子在保持学习效率的同时，也能享受到轻松的欢乐时光。

7．鼓励孩子参与课外活动，培养兴趣爱好，丰富假期生活，提高综合素质。这样不仅能让孩子在学习之外找到乐趣，还能帮助他发展多方面的技能和兴趣。与孩子一起探讨未来的目标和规划，引导孩子树立正确的价值观和人生观。这样可以帮助孩子明确自己的方向，为未来的发展打下坚实的基础。

案例二十三："孤单"的孩子

一、基本信息

来访者：孩子母亲。

孩子信息：男孩，13 岁，初中生。

诉求：改善家庭成员之间的关系，以及提升孩子自我管理的能力。

基本情况：孩子自幼入园起便开始寄宿生活，上学期间经历了多次转学。孩子的教育主要由父亲负责，而母亲对于父亲的教育方法有不同看法，但在家庭中她的话语权较弱。父亲对孩子抱有较高的期望，并实施较为严格的管理，甚至采取体罚手段。

二、案例描述

来访者的孩子是一名刚刚升入初中的男生。孩子近期表现出明显的情绪不稳定，包括易怒等现象，这令家长深感忧虑。然而，与采访者深入探讨后发现，孩子面临的问题远不止于此。实际上，这些问题只是表面现象，根本原因在于孩子长期以来处于一个极其不稳定的生活环境中，加上家长采用的教育方式存在严重偏差。除易怒、情绪崩溃外，孩子还表现出抑郁症状。孩子正经历着严重的心理健康挑战，部分原因可能是由于曾经遭遇的创伤经历。因此，孩子的问题远非简单的无法沟通、情绪不稳定等所能概括。

三、咨询摘录

心理咨询师：您的主要诉求是什么？

来访者：我想知道如何更好地理解我的孩子，并建立有效的沟通渠道。

心理咨询师：请说一下孩子的基本情况。

来访者：孩子在寄宿学校就读，每月回家一次。从两岁半起，就让他在学校寄宿，直到现在 13 岁，期间更换过四五所学校。

心理咨询师：请问更换学校的原因是什么？

来访者：有的是因为缺少朋友，有的是因为离家更近，还有的是因为学校环境等因素。他也曾遭受过欺凌。

心理咨询师：欺凌发生在何时？你们怎么处理的？

来访者：发生在他 9 岁时。当时孩子向我们反映了这一情况，但我们并未给予足够重视。

心理咨询师：你是如何确定这是欺凌而非孩子们之间的普通争执？

来访者：现在学校的心理辅导老师引导他说出了以往的遭遇，证实了他曾遭受欺凌。

心理咨询师：目前由谁来照顾孩子？

来访者：关于教育方面的事宜由父亲负责，而生活照料则由我承担。父亲的教育管理非常严厉，有时甚至会使用暴力手段。

心理咨询师：当父亲对孩子体罚后，孩子的反应如何？

来访者：孩子会出现呕吐等身体不适的症状。

心理咨询师：目前孩子面临的最大困难是什么？

来访者：他过度依赖手机，与父母之间的冲突频繁，行为举止异常，情绪波动极大，有时需要借助药物才能稳定下来。

心理咨询师：能否具体描述一下他在情绪失控时的表现？

来访者：他会显得非常激动，甚至在医院接受治疗时需要注射镇静剂。学校老师认为孩子有许多负面情绪未能得到释放。

心理咨询师：孩子在什么情况下被送去医院治疗的？

来访者：是学校老师先带他去了社区医院。医生表示，孩子在心理层面存在许多难以自我调控的情绪，疑似患有木僵症和躁郁症。

心理咨询师：为何需要采取药物治疗？

来访者：因为很难制止他的过激行为。

心理咨询师：他是否有攻击他人或自我伤害的行为？

来访者：两者皆有。他往往无法控制自己的言行。

四、案例分析

心理咨询师在了解了孩子的成长背景后，发现其家庭教育存在严重问题，这些问题直接导致了孩子严重的心理障碍。过于严苛且缺乏关爱的家庭教育环境，不仅无法培养出优秀的孩子，反而可能对其心理造成负面影响。通过分析，心理咨询师指出了影响孩子心理健康的几个关键点。

➢ **在孤独中长大的孩子**

孩子从三岁开始就在幼儿园寄宿，小学和初中阶段也一直住校，每周仅回家一次。这意味着，除了周末，孩子大部分时间都在没有父母陪伴的情况下度过。心理学研究表明，三岁以前是孩子建立安全感的重要时期，而缺乏父母陪伴可能导致孩子在情绪管理、社交能力等方面出现困难。尽管幼儿园老师会照顾孩子，但他们无法提供如同父母般的关注和支持，这可能使孩子感到被遗弃，从而对心理健康产生长远的负面影响。

据来访者所述，孩子从幼儿园到初中期间共经历了五次转学。频繁转学不仅打断了孩子的生活节奏，还要求他们不断适应新的环境和规则，这对于儿童的心理稳定性和社交技能构成了重大挑战。尤其是在遭受校园霸凌的情况下，孩子的心理创伤更为严重。这种持续的变化和不确定性可能加剧孩子的焦虑和孤独感，阻碍其正常的社交发展过程。

孩子的父亲采取了一种极端的教育方法——“棍棒教育”，即通过严厉的惩罚来纠正孩子的错误。然而，这种方式不仅未能达到预期的教育效果，反而导致了孩子的心理和行为异常。长期的身体惩罚使孩子失去了自我价值感，处于一种持续的精神紧张状态，甚至出现了类似解离的症状。尽管母亲对这种教育方式持保留态度，但她并未采取有效措施来保护孩子免受伤害。

➢ **不参与孩子成长的母亲**

心理咨询师在与来访者沟通时了解到，来访者在孩子教育方面几乎不参与，没有任何发言权。然而，当孩子遇到严重问题时，前来求助的却是这位母亲，且她并未告知孩子的父亲这一情况。

在一个由强势的父亲和缺乏存在感的母亲构成的家庭环境中，孩子往往感到无处可去。父亲的严格管教与母亲未能提供必要的情感支持形成了鲜明对比。理想情况下，父母应当形成互补，父亲的严格与母亲的温柔相结合，为孩子创造一个既有规则又充满爱的成长环境，这不仅有利于孩子的全面发展，还能避免对其造成心理或身体上的伤害。

然而，在这个家庭中，母亲在教育中的作用几乎缺失，尤其是在父亲对孩子进行体罚时，尽管母亲表示反对，但她并未采取实际行动保护孩子。母亲可能认为，由于父亲是主要的管教者，她不应过多干涉，但这种“教育”方式显然已经超出了正常教育的范畴，给孩子带来了明显的伤害。心理咨询师指出，如果施暴者是陌生人，母亲很可能会挺身而出保护孩子，这正是她需要深思的问题。

心理咨询师建议，父亲也应参与咨询，以理解其行为对孩子的影响。然而，母亲认为父亲不会认同这一观点，也不会认为自身存在问题，因此拒绝了这一建议。实际上，母亲来找心理咨询师的目的并非为了学习如何帮助孩子，而是希望通过让孩子直接接受心理咨询来解决问题，这间接表明她不愿承认家庭环境对孩子问题的影响。

无论情况如何，若家长真心希望帮助孩子，就必须认识到父母双方都应对孩子的现状承担责任，并积极调整自己的角色，真正促进孩子的健康成长。这意味着父母需要共同合作，为孩子营造一个安全、温暖的成长环境。

五、咨询建议

1. 改变教育认知。作为家长需要重新审视和反思自己的教育方式与理念，深入探究孩子现状背后的深层原因。家庭教育具有极强的塑造性，对孩子的成长起着决定性的作用，而学校主要是一个学习知识的场所。家庭才是塑造孩子人格特质的重要场所。

2. 提供专业的心理咨询。孩子需要接受专业且系统化的心理咨询。目前，家长倾向于依赖学校老师通过简单的聊天和疏导来解决问题，但这远不足以解决孩子的实际困难。家长必须意识到孩子现状的严重性，并认识到专业支持的重要性。孩子面临的核心问题远不止于情绪过激或沟通障碍，家长需正视这些问题，才能有效地帮助孩子摆脱困境。

3. 减少严厉的管教。在教育孩子的过程中，家长应尽量减少严厉的惩罚措施，尤其是避免使用体罚。取而代之的是，采用更加温和、理解和鼓励的方式引导孩子，帮助他们健康地成长和发展。这样做不仅能预防孩子产生反抗情绪，还能提升他们的自尊心和自信心。

4. 父母共同参与教育。父母应在孩子的教育中发挥各自的优势，协同工作。父亲应减少过度的批评，以免给孩子造成过大的心理负担和恐惧；母亲则应更多地承担起关怀和保护的责任，为孩子营造一个温馨、安全的生活环境。父母的合作与互补能够为孩子提供更加全面的支持和教育。

5. 保持生活环境的稳定。家长应尽力维持孩子生活环境的稳定，避免频繁转学给孩子带来的额外压力。稳定的环境有助于孩子更好地融入集体，建立稳固的社交网络，同时也利于他们在学业和个人发展中保持积极的态度。

6．增加亲子陪伴时间。在孩子成长的关键时期，家长应尽可能多地陪伴孩子，让他们感受到充分的安全感和爱。家长的陪伴不仅能增强孩子的自信心和自我价值感，还能帮助他们更有效地应对成长路上的各种挑战。

7．重视孩子的心理健康。家长应及时关注孩子的心理状态，一旦发现问题，应立即寻求专业心理咨询师的帮助，确保孩子获得必要的心理支持和指导。这有助于减轻心理问题对孩子成长的不利影响，使他们更加坚强地面对未来的挑战。

8．鼓励孩子参与社交。家长应鼓励孩子积极参与各类社交活动，培养良好的沟通技巧。这不仅能提高孩子的沟通能力和团队协作意识，还能帮助他们在未来的社会生活中更好地融入群体，建立稳定的社交圈。

9．尊重孩子的个性。家长应尊重孩子的独特性和个人需求，避免过度干涉和控制，赋予孩子适当的自主权。这有助于培养孩子的独立思考能力和决策能力，使他们成为负责任、有能力的个体。

10．建立有效的沟通渠道。家长应与孩子建立起开放、真诚的沟通桥梁，认真听取孩子的意见和感受，共同探讨解决问题的方法。良好的沟通不仅能增进家长与孩子之间的信任和理解，还能帮助家长更好地洞察孩子的内心世界，从而提供更为恰当的教育和支持。